U0011128

# 漫畫葡萄酒小史

## 法國酒莊口耳相傳之書

DU
# VIN

| BENOIST | DANIEL |
| SIMMAT | CASANAVE |

Benoist Simmat

### 本諾瓦・西馬
|著|

Daniel Casanave

### 丹尼爾・卡薩納韋
|繪|

### 任可心、蘇威任
|譯|

原點

# 前言

　　這本葡萄酒小史已經堂堂邁入第四版了，也就是說，這個擁有數千年歷史、身世非凡的發酵飲料，其迷人的故事的確引發了法國和海內外讀者廣泛的興趣。

　　繼「有機革命」和「玫瑰紅酒小史」之後，我們很開心又多添了一章，再經歷一段冒險。這章關注的是一個特別的面向，至少是較少被研究的面向，即廣義的氣泡酒史「泡泡小世界」。

　　當然，這部分的內容不僅是香檳獨家的輝煌歷史，即使香檳的確是全世界氣泡酒的典範。必須用更開闊的視角進行審視：這是一段透過對發酵的瞭解、掌握葡萄酒發泡的學習歷程。釀酒史上發生的這局巨變，首先出現在十六世紀南法的利穆（Limoux）一帶，然後傳播至其他地區——十七世紀傳播到倫敦、蘭斯（Reims）和埃佩爾奈（Épernay），十八世紀傳遍整個香檳區，十九世紀傳入中歐和美國，二十世紀擴及全世界。

　　如今，氣泡酒無所不在。白朗凱特、香檳、德奧sekt、法國crémant、西班牙卡瓦cava、義大利prosecco及lambrusco，各式sparkling wine、mousseux，俄羅斯shampanskoye、西葡espumante、大英法、自然起泡法、開普敦古典法、瑟冬氣泡酒，不一而足。數十種特色氣泡酒涵蓋五大洲，在酒界各擅勝場。你很難視而不見。

　　氣泡葡萄酒是二十一世紀最暢銷的酒種。在全球範圍內，每十瓶葡萄酒中就有一瓶在開瓶時會發出「啵！」的一聲。氣泡酒市場一如玫瑰紅酒市場充滿了活力，不論銷售或需求量皆然。過去二十年全球氣泡葡萄酒的產量已經翻了一倍，年產量據稱超過30億瓶！

　　氣泡酒儼然將形塑葡萄酒的未來。我們也會透過漫畫中的氣泡對話框，來為您講述這段新故事。

　　　　— 2022年6月1日，本諾瓦·西馬（Benoist Simmat）、丹尼爾·卡薩納韋（Daniel Casanave）

# 目錄

前言 ⋯⋯⋯⋯⋯⋯⋯⋯⋯⋯⋯⋯⋯⋯⋯⋯⋯⋯⋯⋯⋯⋯⋯⋯⋯⋯⋯ 2

引章 ⋯⋯⋯⋯⋯⋯⋯⋯⋯⋯⋯⋯⋯⋯⋯⋯⋯⋯⋯⋯⋯⋯⋯⋯⋯⋯⋯ 4

第1章　源起 ⋯⋯⋯⋯⋯⋯⋯⋯⋯⋯⋯⋯⋯⋯⋯⋯⋯⋯⋯⋯⋯⋯⋯ 11

第2章　不可思議的希臘羅馬 ⋯⋯⋯⋯⋯⋯⋯⋯⋯⋯⋯⋯⋯⋯ 27

第3章　高盧葡萄酒的先祖 ⋯⋯⋯⋯⋯⋯⋯⋯⋯⋯⋯⋯⋯⋯⋯ 57

第4章　各自為政的東方 ⋯⋯⋯⋯⋯⋯⋯⋯⋯⋯⋯⋯⋯⋯⋯⋯ 79

第5章　基督之血 ⋯⋯⋯⋯⋯⋯⋯⋯⋯⋯⋯⋯⋯⋯⋯⋯⋯⋯⋯ 99

第6章　自相矛盾的伊斯蘭 ⋯⋯⋯⋯⋯⋯⋯⋯⋯⋯⋯⋯⋯⋯ 115

第7章　西歐的封建旗幟 ⋯⋯⋯⋯⋯⋯⋯⋯⋯⋯⋯⋯⋯⋯⋯ 135

第8章　偉大的發現 ⋯⋯⋯⋯⋯⋯⋯⋯⋯⋯⋯⋯⋯⋯⋯⋯⋯ 157

第9章　航向美洲和更遙遠的國度 ⋯⋯⋯⋯⋯⋯⋯⋯⋯⋯ 183

第10章　神聖的風土 ⋯⋯⋯⋯⋯⋯⋯⋯⋯⋯⋯⋯⋯⋯⋯⋯ 199

第11章　有機革命 ⋯⋯⋯⋯⋯⋯⋯⋯⋯⋯⋯⋯⋯⋯⋯⋯⋯ 217

第12章　玫瑰紅酒小史 ⋯⋯⋯⋯⋯⋯⋯⋯⋯⋯⋯⋯⋯⋯⋯ 247

第13章　泡泡小世界 ⋯⋯⋯⋯⋯⋯⋯⋯⋯⋯⋯⋯⋯⋯⋯⋯ 283

結語 ⋯⋯⋯⋯⋯⋯⋯⋯⋯⋯⋯⋯⋯⋯⋯⋯⋯⋯⋯⋯⋯⋯⋯⋯ 318

註釋 ⋯⋯⋯⋯⋯⋯⋯⋯⋯⋯⋯⋯⋯⋯⋯⋯⋯⋯⋯⋯⋯⋯⋯⋯ 320

參考文獻 ⋯⋯⋯⋯⋯⋯⋯⋯⋯⋯⋯⋯⋯⋯⋯⋯⋯⋯⋯⋯⋯⋯ 324

致謝 ⋯⋯⋯⋯⋯⋯⋯⋯⋯⋯⋯⋯⋯⋯⋯⋯⋯⋯⋯⋯⋯⋯⋯⋯ 326

## 致讀者

本書引用的各地區地圖皆由丹尼爾·卡薩納韋手繪，其中大部分是忠於專業地圖出版物所繪製的，詳見 P. 324 參考文獻（主要有 J.-R. Pitte, H. Johnson 和 R. Dion），其餘則為繪者原創作品。

本諾瓦·西馬、丹尼爾·卡薩納韋

# 引章

嗯……您這把鬍子，不懷好意的眼神，還有強烈的表達欲……

沒錯，我就是巴克斯。

哦，原來是大名鼎鼎的酒神！

正是，羅馬神話中我叫巴克斯，希臘神話中我叫戴奧尼索斯。

您不是應該穿著長袍的嗎？

不穿，因為我是「文青」版的巴克斯，一個都市化了的現代酒神，
而且是插畫家丹尼爾·卡薩納韋的主意。 還喜歡嗎？

還不錯，尤其是這件格子襯衫。不過您在書裡扮演的是什麼角色呢？

啊，自然是為這本漫畫的讀者做嚮導呀，譬如像您這樣的讀者。

原來如此。倒也是，還有誰能比您更適合這個角色呢？

> 那還用說。我要向你們述說的
> 是一段不可思議的歷史，前後
> 跨越了大約一萬年的時間。

是怎麼個不可思議法？葡萄酒……就是葡萄酒嘛，說到底也不過就是一種好喝的飲料吧。

這你就錯了，它可不同於其他飲料，葡萄酒注定在世界史上扮演非凡的角色。

能到這個程度？

先來看一個數字，您看了一定會吃驚的。你知道，根據全球的統計數據*，每年全世界的人喝掉多少瓶葡萄酒？

您是說像這樣的酒瓶嗎？

對，750毫升的。

我完全沒有概念。

大約325億。

且慢，325億……瓶嗎？

是的。平分到地球上的每個居民，差不多每人5瓶，兒童和百歲老人都算。

哎喲……

可不是嗎。葡萄酒已成為世界性的飲料了，所有國家都在喝，包括那些最偏遠的地區。

那麼，生產方面呢？

幾乎所有能種植的地方都種了葡萄，就連不太可能種的地方也有種植，比如玻里尼西亞，或是撒哈拉以南的非洲。葡萄酒的歷史，可以說是一部人類征服地球的漫長歷史。

啊！那麼這一切是從哪裡開始的呢？

我們接下來會看到，葡萄的種植起源於中東地區，大致是今日的安納托利亞、喬治亞、亞美尼亞以及伊朗一帶。

而葡萄這種植物，最早來自地中海地區，是一種野生品種。自從人們學會葡萄釀酒術之後，這種技術逐漸傳播到世界各個角落，傳入各大文明之中。

*來自國際葡萄酒組織（Organisation internationale du vin）的統計資料，2017年。

嗯，那麼為什麼這樣一種發酵的葡萄汁，能夠這麼受到人們喜愛呢？

這正是最關鍵的問題：為什麼是葡萄酒，而不是茶，或啤酒？

因為葡萄酒⋯⋯更好喝？

不，雖然有些好喝的葡萄酒滋味的確精妙絕倫，但也有許多葡萄酒其實製作得相當馬虎，自古以來皆如此。而且其他好喝的飲品也不少，不論含不含酒精。

那是什麼原因呢？

很多人認為葡萄酒本身有許多優點，簡言之，就是葡萄酒的「能力」吧。

比方說能夠儲存？

哦，不止如此。打從遠古以來，人們就愛上葡萄酒迷人的香氣，每一年的香氣都會不一樣，這就是釀造年分（millésimes）。除了年分，種植產地也會帶來差異，葡萄酒是葡萄種植地的反映。它的酒精度也十分宜人，總是維持在8到10度（古代）或12到14度（現代）之間。葡萄酒讓人打開話匣子，舒壓，解憂，定神，讓想像力飛馳，激發創造力，促進人與人之間的交往。此外，葡萄酒還可以陳年，品質變得更好，這也是它的加分項。

有道理。

還沒說完呢。過去幾千年以來，葡萄酒一直是有效的滅菌劑，不僅在餐桌上，在醫院裡更是不可或缺。人們用葡萄酒來淨化水質、治療傷口。因此，葡萄酒可以說是一種非常重要的原料，橡木酒桶甚至能當作貨幣來交易。更不用說它與菜餚的搭配，葡萄酒一向都被認為是最有助於消化、也最適合搭配菜餚的飲品。而且別忘了，它也一直是戀人們最情有獨鍾的飲料。

這就是全部的原因了吧？

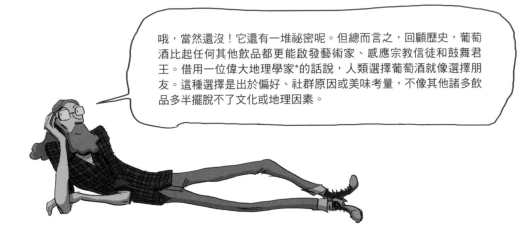

哦，當然還沒！它還有一堆祕密呢。但總而言之，回顧歷史，葡萄酒比起任何其他飲品都更能啟發藝術家、感應宗教信徒和鼓舞君王。借用一位偉大地理學家*的話說，人類選擇葡萄酒就像選擇朋友。這種選擇是出於偏好、社群原因或美味考量，不像其他諸多飲品多半擺脫不了文化或地理因素。

* Roger Dion，見P. 324參考文獻。

光是這些，還是不足以讓葡萄酒作為全人類的飲品吧？

的確，這當然還不夠。我們在這本漫畫裡提出的核心主張，正是「釀酒文化（及葡萄種植）總是伴隨著重要文明的出現而不斷擴張」。這正是許多歷史學家所觀察到的：在美索不達米亞、古希臘、羅馬帝國、封建歐洲、穆斯林世界等地，葡萄酒總能成為統治者喜愛的飲品，人民也跟著追捧不迭。

連穆斯林國家也是這樣嗎？

連穆斯林國家也是如此。正如一位英國專家[*]所言，你會發現，穆罕默德也是對葡萄酒歷史發展有著深遠影響的歷史人物。

真令人意想不到！

如今，主導世界文明的美國，也是全球葡萄酒的最大消費市場：全球每年消費的2000億歐元葡萄酒中，有350億歐元是由美國市場消費的[**]。

我們剛剛提到了穆罕默德，我猜想宗教在這段歷史中也扮演了重要的角色吧？

沒錯。葡萄酒始終和一神教的發展如影隨形。在猶太教、基督教、伊斯蘭教的教義和儀式裡，葡萄酒佔據了重要的地位。

* Hugh Johnson，見P. 324參考文獻。
** 來自國際葡萄酒與烈酒展（Vinexpo）與國際葡萄酒及烈酒研究機構（IWSR）的數據（以歐元計）。

想不到葡萄酒有這麼大的影響力。

我們的故事，就要從一本最古老的神聖經典講起：
《舊約》。諾亞的預言，您應該聽說過吧？

正是。傳說創世紀之初，諾亞登
上陸地後，最先種下的植物就是
葡萄。接下來，就讓圖像來說故
事吧。

諾亞，大洪水嗎？方舟？

# 第 1 章

# 源起

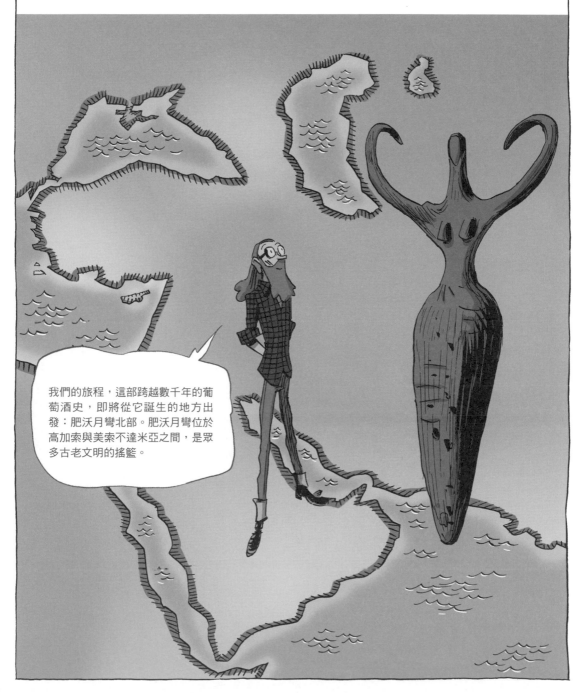

我們的旅程，這部跨越數千年的葡萄酒史，即將從它誕生的地方出發：肥沃月彎北部。肥沃月彎位於高加索與美索不達米亞之間，是眾多古老文明的搖籃。

故事是這樣開始的,至少,人類史上最知名的典籍《聖經》裡是這麼說的。

根據《聖經》文本的敘述,葡萄酒的始祖可不是我酒神巴克斯,而是諾亞這位宗族長。

在《創世紀》中，先知諾亞走出方舟後，成為了「農夫」，他最先種下的植物便是葡萄。

好啦！接下來就等過完夏天了。

為什麼要等待夏天結束？

神是這樣告訴我的。

《聖經》中，諾亞被描述為釀酒始祖。

再拿些葡萄來！

因此也成為葡萄酒愛好者的始祖。

嗯，真好喝啊，西元前6356年分的酒。

諾亞也是第一個喝醉的人。舊約中這段故事很有佛洛伊德的味道。大家長本人喝得昏天黑地，醉到不省人事。

爸爸好奇怪，你看他，一絲不掛的！

我不敢看……

別笑哦！醉酒也是跟葡萄酒史有密切的關連，攸關人與神之間的連結。

事情的經過是這樣的。

大約12000年前，即新石器時代之初，某個夏末的日子，一個原始家族正在採摘熟度恰好的野生葡萄。

* 嗯，這些果子真好吃。　** 吃完野牛肉後，這些果子很能幫助消化。

他們製作了硬質陶罐來儲存葡萄。

葡萄其實是非常容易自然發酵的水果，我們可以推測這些新石器時代的原始人，已經嚐過發酵葡萄汁的滋味。

* 怎麼這麼晚才回來？
** 弄丟的甕找到了！你看這些果實，怎麼像煮熟了一樣！

這些站都站不穩的陶甕，就是後來各種容器的祖先。經過一萬年，才總算有了今天家喻戶曉的葡萄酒瓶，目前我們離那裡還遠得很……

至今還沒有人發現這些早期的發酵葡萄汁遺跡。畢竟不論是一萬年、或一萬兩千年，都是很久遠以前！

* 兒子啊，我嚐了這個東西，好喝啊！
** 喝了沒事嗎？那我也來嚐嚐。

* 老婆！我用這好果子做出好飲料啦。　　** 那誰要來洗杯子啊？

隨著古文明出土，釀酒活動出現的時間點也不斷往前推移。

我找到一個了！

那是昨晚喝的隆河丘*葡萄酒！笨蛋！

世界上最權威的葡萄酒史前史專家，呃，是一位美國人，派崔克·麥高文*，多虧他的研究，最早的葡萄酒釀酒時間得以在歷史長河中不斷往上游推移。

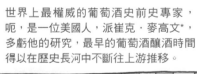

我們將這些古老的陶器碎片透過儀器分析其分子構成，主要觀察陶甕內泛紅的沉澱物，它們通常是混合了樹脂的葡萄殘留物。

* Cotes du Rhone

* 分子生物考古學家，研究史前的飲食與發酵飲料，詳見 P. 320註釋。

人們發現最早有關葡萄酒釀製的考古遺跡，主要分布於肥沃月彎，或更廣泛涵蓋整個中東及高加索地區。麥高文的研究顯示，葡萄很有可能最早是在安納托利亞被馴化的，距今已超過一萬年的時間。

裏海

黑海

希臘

喬治亞
西元前6000年

安納托利亞
西元前8000年

亞美尼亞
西元前7000年

底格里斯河

伊朗
西元前5000年

敘利亞
西元前4000年

地中海

幼發拉底河

巴勒斯坦
西元前4000年

埃及
西元前3000年

尼羅河

「葡萄酒」的法文vin一詞源自拉丁語vinum，是從希臘語woinos演變而來的。woinos又是由印歐語系字根wyn發源而來，許多古老的語言都從這個字根來指稱葡萄酒，例如希伯來語的yayin。而這個字根所屬的印歐語系，便是誕生於安納托利亞這片土地。

舊約中諾亞方舟最後靠岸的地方，在亞拉拉特山的山腰，也就是今日土耳其東部和亞美尼亞的交界處。

如我們所見，葡萄酒的歷史，與那些古老文明的歷史緊密交織。

在遠古時代，這裡的人類先祖就學會了馴化「野生葡萄」（學名為vitis sylvestris）。

人類學會釀酒的幾千年後，這種野生葡萄依舊在這片土地上四處生長。

葡萄原本就是一種生命力強悍的藤蔓植物，在世界各地均能自然生長。

科學家把生長在地中海東部沿岸的馴化葡萄品種命名為vitis vinifera，即今日的葡萄樹。

為什麼要這樣一排一排的種？

這樣景色看起來更棒，你不覺得嗎？

這種被馴化的葡萄如今已攻佔全世界，製造出令人熱愛的葡萄酒。

乾杯！

就是埃及！埃及人是第一個提升葡萄酒地位的民族，視之為神聖的飲料和社交的飲料。埃及人熱愛葡萄酒，甚至設法在沙漠中種植和釀酒。我們來看看西元前3300年、位於路克索北部阿拜多斯城裡的古釀酒坊如何運作。

動作快一點，不然把你送去蓋金字塔！

這裡的釀酒方法與高加索大同小異。先用腳踩榨葡萄，再放入以黏土製成的酒缸裡發酵。

當時的壓榨技術還十分陽春。

好辛苦啊……

榨完的葡萄汁就這樣盛裝在雙耳甕裡密封陳放。一般用這種方法製成的酒，當年就打開喝了，有時也會繼續陳放一段時間。人們將葡萄酒獻給法老，陪伴法老前往彼岸世界。

接下來幾百年都有得喝了。

與美索不達米亞一樣，葡萄酒一開始也是埃及上層階級所獨享的，或於祭祠時奉獻給神明。然而，在邁入西元前2000年之後，葡萄酒社會化的風貌已初步浮現，出現了品酒行為，品評種種截然不同風味的酒，酒色是白、粉紅或紅，年輕或陳年，酸、甜、苦澀等不一而足。

哇！這NDM*果香四溢！

哪裡比得上沙黛*。

才不呢，只有奈菲*最正點，我太喜歡了！

嗯……我覺得帕烏爾*很好喝啊。

\* 詳見P.320註釋。

西元前3000年起，尼羅河三角洲一帶的城市已開始釀酒，埃及中部與南部也陸續跟進，產地不下十五個，此外，也有從巴勒斯坦過來的葡萄酒。

孟菲斯
拉罕
開羅
利希特
美杜姆

阿馬爾奈

荷莫波里斯

阿拜多斯
底比斯

葡萄都種植在尼羅河沿岸，但不會種在泛濫區域。葡萄採收得很早，六、七月就開始，在每年河水泛濫之前完成。

在這個信奉多神教的文明中，對酒的崇拜卻只跟一位神有關：歐西里斯。歐西里斯每年死去，來年重生，一如神聖的飲料葡萄酒。

對歐西里斯的崇拜源自對葡萄神祕發酵作用的未知，這個謎一直到十九世紀才由滅菌技術之父巴斯德解開！同一時期，與埃及相鄰的一個地區，有一群信奉一神教的人民，在不可思議的命運帶領下，葡萄酒呈現出另一番完全不同的風貌。

這個民族就是猶太人。他們最早是半游牧的部落，發源於美索不達米亞，逐漸往地中海遷徙。西元前2500年左右，猶太人認識了葡萄酒，逐漸將這種神祕的飲料融入自己的宗教文化裡。

還有札格羅斯山的酒嗎？

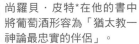

尚羅貝・皮特*在他的書中將葡萄酒形容為「猶太教一神論最忠實的伴侶」。

猶太民族十分了解葡萄酒的功效。《聖經》中吸取了過去跟葡萄及葡萄酒相關的神話。

在猶太人走向一神教的道路上，葡萄酒佔據了核心地位。

這段故事起源於猶太人的祖先定居於約旦河谷的迦南。

希伯來人應該在當地發現了葡萄，這些葡萄是野生品種，還是經馴化過的？至今依舊是個謎團。

亞伯拉罕父親，您看，有這麼好的葡萄，我們一定可以在這裡釀出好酒。

嗯……如上帝所願。

* Jean-Robert Pitte，法國地理學家，專長於地景與飲食。

在巴勒斯坦北部這片土地的孕育下，葡萄酒逐漸成為神聖的飲品，象徵了天選之民與上帝之間的連結，甚至比代表生命之源的水更加重要。這些都表現在後來猶太人的經典《舊約》之中，透過諾亞的寓言故事。

？！

葡萄樹嗎？它有甜美的果實，還可以製作成葡萄酒，讓人心裡覺得喜悅。

欸，前提是不過度飲用。

這種神聖的飲料其本身美妙又危險的雙重性，構成了猶太人的靈性核心，光是在《舊約》中就反覆出現了141次！相關例子不勝枚舉。

再來點酒嗎，父親？

「我所親愛的人有葡萄園，在肥美的山崗上。他刨挖園子，撿去石頭，栽種上等的葡萄樹，在園中蓋了一座樓，又鑿出壓酒池；指望結好葡萄，反倒結了野葡萄**。」

「願天地的主、至高的神賜福給亞伯蘭！」*

麥基洗德的獻祭

被女兒灌醉的羅德

《以賽亞》葡萄園之歌

* 根據傳統，亞伯拉罕原名為亞伯蘭。

** 果肉酸澀的青葡萄。

在猶太法典的某些傳說中，伊甸園中的禁果之樹，也就是讓人能知善惡的樹，並不是蘋果樹，而是一棵巨大的葡萄樹！

聽我的，準沒錯⋯⋯！

還記得嗎，當猶太人歷經長達四十年的流浪，應許之地隱約在望，派出的探子從那「流奶與蜜、葡萄酒」之地，帶回來一串又一串的葡萄，這就是和神重新立約的象徵。

事實上，古猶大國是一個非常利於葡萄生長的國度，意即有能力生產好酒，這也是釀造高品質好酒的開端。

為什麼要種在山坡上呢？

山坡地的土壤排水性佳，結出的葡萄好，酒的品質就會好。

此地全境逐漸形成的放牧經濟，也促進了葡萄酒文化。這套體系包括牧羊（山羊）、栽種橄欖和種植葡萄，這三者之間有什麼關聯呢？答案就在山羊皮製成的羊皮袋。

山羊皮很好鞣製，也易於縫紉，不透水性佳，用來儲存奶、橄欖油或葡萄酒，再合適不過了。

旅行攜帶也很方便！

羊皮袋使得追求美食享受的文化有進一步發展的可能性，對葡萄酒的發展尤其重要。

在巴斯克地區，羊皮袋甚至延用至今。以公山羊皮製成的水壺袋遠近馳名，經過縫製後再塗上一層松脂。

這項傳統很古老嗎？

嗯，非常、非常古老！

* 小心點……
** 你以為這很容易嗎？

古代的猶大王國，葡萄汁是在黏土製成的「多利亞」（Dolia）大缸中進行發酵。從安納托利亞到埃及，這種大缸通常埋入地下，容量可達2500公升。

還有嗎？

不知道，什麼都看不見。

一缸酒可以喝上好幾個月，直到下次採收。

感謝主，酒缸見底了！

羊皮袋則用於葡萄酒的運輸，有時運送的距離超乎想像。

？！

你那是牛皮袋嗎？

多麼美妙的風景！早在我出生之前，位於中東的閃族人就已經創造出最早的葡萄酒文化了。

隨著羊皮袋普及，也觸發了一場勢不可擋的運動——葡萄酒邁出了全球化的第一步。西元前2000年，葡萄種植、葡萄酒貿易在愛琴海周邊國家扎根，特別是賽普勒斯和克里特島。一個嶄新的階段開始了，葡萄酒首先征服了希臘，接著又征服羅馬帝國，即將邁入繁榮鼎盛的時期。

愛琴海

克里特島

賽普勒斯

地中海

# 第 2 章
# 不可思議的希臘羅馬

接下來的旅程，將航向西元前1000年的地中海沿岸：偉大的希臘文明和羅馬文明。你曾看到，他們發明了我們今天認得的葡萄酒！

西元前1000年的古希臘人已懂得喝葡萄酒。在興建最早的城邦時，他們已將原本從近東輸入的葡萄馴化成本地作物，而葡萄酒也將展開一段奇妙的旅程。

與一千年前的埃及一樣，葡萄酒的產地，成為評斷好酒的重要因素。

這杯呂底亞的酒太棒了！

得了吧！腓尼基的才更好。

哼！哪裡比得上我這安納托利亞。

在雅典民主體制（約西元前508年）還沒誕生之前，希臘人已經發明了沉澱酒渣用的「醒酒瓶」，以及品酒杯。欣賞一下！

雙耳爵（cratère）：繪有紋飾的大陶瓶，用來加水稀釋葡萄酒。

曲柄酒壺（œnochoé）：較大容量的酒壺，用來盛裝調好的葡萄酒，以備享用。

基里克斯杯（kylix）：雙耳大口淺酒杯，用於品酒。

那麼，我們如何知道古希臘的葡萄酒是用野生葡萄或馴化葡萄來釀酒的？且讓葡萄酒界的「印第安納瓊斯」派崔克·麥高文來分享其研究心得。

其實很簡單。如果殘渣裡的葡萄籽是小球狀的，那就是野生葡萄。

如果是梨形，就是馴化過的葡萄，這種葡萄酒來自有系統的栽種與釀造。古希臘發現的都是這種葡萄籽！

翻開《伊里亞德》這部偉大的希臘史詩，不僅能找到大量對葡萄酒的描述，還能發現特定地域出產的希臘葡萄酒，譬如愛琴海諸島、維奧蒂亞、色雷斯等。

啊！普拉姆尼奧斯葡萄酒真是瓊漿玉液，我一定要再去伊卡利亞島！

唔……我想再跟您聊聊我對於巨型木馬的看法。

算了吧，尤里西斯，我看你又喝多了。

荷馬把這種從伊卡利亞島上出產的不甜紅酒，譽為古希臘人最愛的葡萄酒。

此外，早在西元前八世紀，大作家海希奧德（Hesiod）便在他的《工作與時日》（Works and Days）裡率先記載了葡萄種植的相關建議。

朋友，你弄錯了。你應該在最冷的月分修剪葡萄，而不是在剛採收完時修剪。

把這個記下來。

然後我們去喝一杯比布里諾斯*。

是，老師。

是，老師。

* 產自潘蓋翁山（今希臘東北部）的葡萄酒，同樣記載於《工作與時日》。

西元前八世紀時，我們已經掌握了許多釀酒技藝。我們懂得採收過熟葡萄，過熟葡萄可以製作甜葡萄酒和甜烈酒。門生，把我的書翻到第493頁讀來聽聽。

是，老師。

「當獵戶座與天狼星上升到天頂，渲染了粉紅色的晨曦還能夠透出大角星，這時，珀耳塞斯，請將所有葡萄串採收帶回家，曝曬在陽光下十天十夜，再置於陰涼處五天五夜；第六天，榨取汁液，將這酒神戴奧尼索斯賜予的豐盛歡愉天禮，盛入瓶中。」

這個時期希臘城邦才剛剛誕生，葡萄酒也獲得了神性！於是，我，以戴奧尼索斯之名降生了，後來又變成巴克斯，也就是酒神。所以我很晚才進入奧林帕斯萬神殿，我在希臘神譜裡被分開對待，因為我既是宙斯之子，也是神聖飲料的具體化。

這有點複雜。讓我來好好講一講我的故事，絕對值得一聽。

31

我是宙斯與瑟美莉（Semele）的愛情結晶，瑟美莉的父親是底比斯城的創建者和第一位國王。

懷著我的母親中了宙斯之妻赫拉的詭計，宙斯不得不將其愛人用雷電活活霹死，而宙斯將我縫入他的大腿裡，直到我發育足月。

童年時，我身上發生的怪事無奇不有。有一次，泰坦巨人將我剁成小塊，下到鍋子裡燉煮。

我每死一次，無所不能的父神就將我復活一次。每年季節輪替，我也跟著重生。

現在你們明白這個隱喻了，我是葡萄酒之神，但更廣義來說，我也是每年重生的植物之神。

再擴大一些，我也是生育之神、性慾之神、創造瘋狂之神，以及許多其他事物之神！

我的地位非其他神可比擬。蘇格拉底時的希臘（約西元前五世紀），人們開始公開崇拜我，甚至在雅典立起一根一根巨大的陽具。

真摩登，嘿！

說到陽具，請別跟我的兒子普里阿普斯（Priapus）搞混了，他是園藝之神、家畜之神，是我跟美麗的阿芙羅黛蒂生下的兒子。啊，阿芙羅黛蒂…

我也是醉酒之神。而且喝葡萄酒引起的酒醉，能讓凡人和我的父親宙斯說上話。

再給我一杯，我還沒和祂搭上線呢。

來看看希臘悲劇作家尤瑞匹底斯（Euripides）如何描述我的重要性。這部西元前405年的作品《酒神女信徒》（Bacchae），也是他最後一部完整的作品。要讀懂這一段，首先你要知道我是生命元素「液體」的核心。

「這一位神，就是你們嘲笑的那位新神，他在整個希臘將有多麼偉大，我無法言喻。年輕人啊，這個世界有兩大起源：一個是女神黛美特（Demeter），她是大地，或你們要怎樣叫她都可以，她以固態之物餵養著人類；而他、瑟美莉之子正好相反，他發現了蘊藏在葡萄汁裡的液體，把它帶給人類，人們暢飲一番後，便免受不幸與痛苦的折磨，它也帶來困倦之意，叫人忘卻一天的煩惱。要對付痛苦，沒有別的靈藥。這一位，生來就是神，流淌眾神的榮耀，也是人類福祉的源泉。」

我們不妨來看看，酒神崇拜與後來基督教儀式之間的關聯性。古希臘人喝酒的時候，喝下那神聖的葡萄酒，就等於喝下了戴奧尼索斯！

正如基督之血。

《聖經》與希臘神話之間還存在著其他共通點，例如邁納德斯*據稱擁有將水變成葡萄酒的神力。

* Ménades，酒神戴奧尼索斯的女祭司。

在冬天為戴奧尼索斯舉辦的一系列慶祝活動，也影響了後來基督教的禮拜節日，例如聖誕節、主顯節、懺悔星期二等等。

從十二月到三月，各種慶祝節日不斷。

與偉大的太陽神阿波羅不同，我算是偏冬季之神。

希臘人將品酒提升為一件重要的社會儀式。「會飲」（symposion）這項社會活動，字面上意思為「一同飲酒」，在這樣的場合，宴會主持人一邊與賓客分享品酒，一邊帶領對話交流。

別忘了我們的大詩人阿爾卡埃烏斯（Alcaeus）的名句：「一份酒，兩份水，斟滿雙耳爵，一杯再一杯！」

在發動針鋒相對的言論之前，與會者要朝大地酹酒，祭奠神明和古時英雄，譬如宙斯或是赫拉克勒斯（Hercules）。

但沒有人會向我敬酒，因為我就是葡萄酒嘛。我也說過，這有點複雜！

酒宴通常會持續一整夜，直到天亮。這並不是一場縱酒大會，席間穿插了詩人朗誦詩歌、政治討論、致敬獻禮等活動。會飲的藝術，是讓所有人一起進入一種集體醺然的狀態，以迎接翌日的日出。

距離天亮還早呢，再用三份水添加一份酒來喝吧。

是，主人。

葡萄酒之於希臘哲學，自然是英雄惜英雄。當時像柏拉圖這樣的明星，會定期參加會飲酒宴，這是公民生活中不可或缺的活動。

「會飲的參與者，於席間學會了依照公平正義來發號施令和服從。」*

「飲酒的人，難道不會立刻讓自己的心情比以前更好了嗎？」*

今晚的氣氛真熱烈！

早在西元前五世紀，柏拉圖便已思考過葡萄酒與真理之間的關係，把葡萄酒的雙重特性與真理的揭露相提並論。

* 摘自柏拉圖《法律篇》。

「酒飲越多，就益發使他充滿著盲目的樂觀精神，以至於認為自己無所畏懼。最後，這樣一個自認謹慎的人，開始變得言行毫無顧忌，無所畏懼。甚至到了敢說敢做任何事的地步。」*

每位古希臘思想家對葡萄酒都有自己的一套看法。來聽聽被人遺忘的大歷史學家斐洛考魯斯（Philochorus）是怎麼說的。

酒吐露了人的心思。

是不是很像之後的羅馬諺語「in vino veritas」（酒後吐真言）！

* 摘自柏拉圖《法律篇》。

葡萄酒在古典希臘文化中的地位極其重要，連學校裡都會教授葡萄種植。

誰能說出這個葡萄品種的名字？

阿米尼奧斯。

馬屁精！

說得好，伯里克里斯（Pericles）。

簡而言之，希臘人都愛喝酒、能喝酒，君主往往帶頭喝酒。譬如馬其頓國王腓力二世（亞歷山大大帝的父親），其嗜酒無度在戰場上都出了名。

那是腓力的軍隊嗎？真驚人！緊跟在他身後的是禁衛軍嗎？

不是，是幫他背酒囊的挑夫。

此外，希臘人還在地中海沿岸建立了一個帝國規模的文化圈，在西西里、非洲、義大利、波斯、黑海周邊擁有殖民地。一個龐大的葡萄酒貿易體系逐漸在第一個千禧年裡形成了。

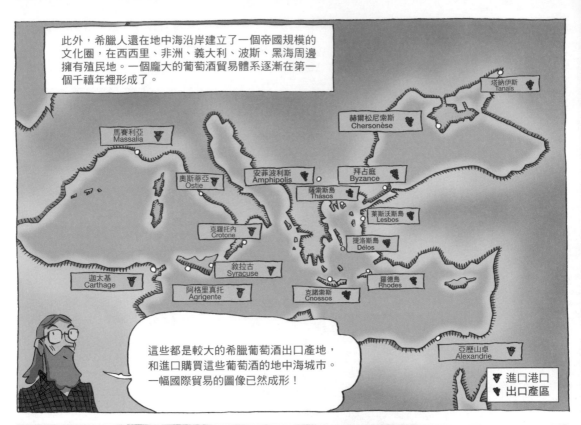

塔納伊斯
Tanais

赫爾松尼索斯
Chersonèse

馬賽利亞
Massalia

拜占庭
Byzance

奧斯蒂亞
Ostie

安菲波利斯
Amphipolis

薩索斯島
Thásos

萊斯沃斯島
Lesbos

克羅托內
Crotone

提洛斯島
Délos

迦太基
Carthage

敘拉古
Syracuse

羅德島
Rhodes

阿格里真托
Agrigente

克諾索斯
Cnossos

亞歷山卓
Alexandrie

這些都是較大的希臘葡萄酒出口產地，和進口購買這些葡萄酒的地中海城市。一幅國際貿易的圖像已然成形！

▼ 進口港口
▼ 出口產區

葡萄酒雖歸類為食品，卻不再視同於橄欖油或小麥這類食品。在遼闊的地中海上航行的船隻，載滿數萬支雙耳瓶（amphore），瓶身蓋上原產地印記，通常也標上葡萄年分，但不常標注產區。

你在開玩笑嗎？宙斯啊！我訂的是薩索斯（thásos），你卻給我提洛斯（délos），而且之前說的是西元前322的年分，你卻給我312年的！

哎呀，薩索斯，提洛斯，差不多嘛……

原產地認證的想法，在兩千五百年前就有了！

厲害吧。

下次我要從迦太基進貨，而且就在隔壁而已。

說到迦太基，這個原本屬於腓尼基的殖民地，出現了葡萄酒史上非常重要的人物——農學家馬貢（Magon）。西元前二世紀的這位學者堪稱是古代農學界的柏拉圖。他以布匿語寫成的28卷著作，纂集了所有農業相關知識，其中就包含了葡萄栽種。

老師，我還要繼續在春天種橄欖樹苗嗎？

不，這樣是不對的！要在收穫季到冬至這段期間種植！

老師，我要怎麼保護我的葡萄藤，免受春天可怕的霜凍危害？

要給葡萄藤灑水，形成一層可以保護果實的冰殼。

馬貢在整個古希臘羅馬時期聲名遠播，西元前146年羅馬人摧毀迦太基時，元老院下令只保存馬貢的著作，準備日後全數譯為拉丁文。

有關馬貢的生平記載非常不完整。我們只知道他是布匿戰爭時期的人，在他所寫的66段作品中，有10段是關於葡萄種植。從他敘述「帕森」（Passum）酒的製作方法裡，我們得以一窺他指導得多麼仔細。這是西元前三世紀非常著名的葡萄酒：

「採摘第一批熟透的葡萄，丟掉長黴或是破損的果粒。每隔四尺在土中插入樹叉或桿子，搭上木桿，鋪上蘆葦。將葡萄攤在蘆葦上讓陽光曝曬；夜晚要將葡萄蓋上，避免受潮。待葡萄完全曬乾後，摘下果粒，放入罐中或罈中。倒入葡萄汁，要盡可能品質好的，淹沒葡萄粒。到了第六天，果粒已吸飽葡萄汁並充分浸透，即倒入大缸中，進行壓榨，採集果汁。剩餘的葡萄渣加入新鮮葡萄汁，再次壓榨，這裡的新鮮葡萄汁要用事先曝曬過三天的葡萄。攪拌均勻，進行壓榨。將第二次榨出的葡萄汁立即倒入瓶罐中，以黏土密封，避免變味。經過二十到三十天發酵停止後，再次倒入其他瓶罐。立即將蓋子塗抹石灰封口，再覆上一層皮革。*」

* 摘自科魯邁拉（Columelle）《論農業》（*De re rustica*）。

科魯邁拉是羅馬偉大的農學理論家，傳承了兩個世紀之前馬貢的記載。如我們接下來所見，古羅馬受惠於這位迦太基人真的很多。

羅馬人將馬貢著作翻譯為拉丁文的計畫,和羅馬共和即將實施的土地改革恰好發生於同一時期。這段期間羅馬軍團又陸續開闢了新疆域,未來羅馬人也將在這些土地上開墾種植葡萄。

這個時期正值希臘文化的鼎盛期,羅馬人一併吸收了希臘人的葡萄酒「信仰」。

希臘的傳統真是太棒了。

於是我就成了巴克斯,也就是戴奧尼索斯的羅馬復刻版。朱比特之子、葡萄酒神、節慶之神、戲劇之神等等。

葡萄酒在遠古的義大利已經存在（當時的伊特魯里亞〔Etruria〕人已經輸出了葡萄酒）。西元前一世紀，也就是羅馬共和即將邁入帝國時期，葡萄種植開始遍地開花。許多作家都留下了相關記載，將馬貢彙整的希臘知識進一步發揚光大。

「以100阿龐*的葡萄園為例，需要一名總管、一位監工、十名葡萄工人、一人養牛、一人馴驢、一名柳樹工、一名牧羊人，共計16人。」

維吉爾
Virgile

「如果在肥沃的平原上種植，葡萄藤劃設的行距可以緊密；但如果選擇在丘陵或緩坡上種植，則行距要加大。」

加圖Caton

「平原的產酒量大，但丘陵的葡萄酒更細緻。」

科魯邁拉
Columelle

* 約25公頃。

西元一世紀，葡萄酒成為羅馬經濟的重要支柱。該領域的重要專家，正是當時偉大的博物學家老普林尼（Pliny the Elder）。

「葡萄酒有助於增強體力、滋補血液、改善氣色；它能健胃、提振食慾、化解悲傷與憂愁，使人充滿活力與熱情，還有利尿功能，幫助睡眠。」

「牽引葡萄藤」這個古老的說法就來自老普林尼，也是他長期研究葡萄栽植的成果。

羅馬人的釀酒知識完全不輸十九世紀的葡萄酒農。要是老普林尼成為一名莊園顧問，大概會是這個光景。

想當葡萄酒農嗎？我幫你準備了一些教材！

你想釀造高品質的葡萄酒吧？如果你已經服滿十年兵役，很好，我們就開始吧！

首先要繁殖葡萄植株。最經典的做法是扦插法：將新發的葡萄枝插入土壤裡，讓它發根。建議在苗圃裡進行，發育成的幼株會更健康。

只有這一種作法嗎？

不，也可以用壓條法或嫁接法，需要時我再具體說明。

你選的這片土地沒有排水問題吧？很好。現在我們來翻土，挖兩尺深，整片地都要翻！

嘿咻……

如果園子裡沒有樹，就要搭建有四根柱子的立架，這樣才有優質葡萄生長的理想條件。

這是必要的嗎？

想釀好酒就得這麼做。如果你只是要供應軍團小酒館的酒，那就放任葡萄藤在地上蔓衍就好了，或將枝條修剪成高腳杯形*。

好啦，開始工作！種下葡萄幼苗。因為這片土質很好，每行的間隔不要超過4呎**。

如果土質差一些呢？

那就把間距加倍。

葡萄是一種藤蔓植物，需要攀附在果樹的枝條上生長，才能結出葡萄串。

可以在行與行之間種些穀物嗎？

當然可以！種小麥，甚至蔬菜都行。混雜種植對植物來說是好事，葡萄的品質會更好。

* 這種修剪法在幫助葡萄藤生長「四肢」，得以不靠外物自行支撐。
** 約1.2公尺。

45

在凱撒的時代，修剪葡萄枝已成為酒農最主要的工作。

你擁有一片葡萄園？太好了，接著就是要賣力幹活！

？！

冬季需要修剪粗枝，得用這把大砍刀。細枝則用輕巧的小鐮刀。

修掉的枝條，將報之以葡萄！

耕完土地，至少每兩個月要除草一次。

呼……

土地當然也需要施肥。等你有了第一次收成，就可以用葡萄渣來作肥料。在沒有榨渣之前，也可以用堆肥或麥稈。

蟲子都是大軍來襲，一定得驅蟲。

沒有驅蟲劑嗎？

有的，可以用硫磺加橄欖油水* 製成殺蟲藥，消滅螟蛾。

如果遇上冰雹或是霜凍呢？聽說這些對葡萄樹都是災難。

遇到這些情況的話，建議你向朱比特莫酒祭拜，畢竟祂是巴克斯的父親嘛。

在樹行之間焚燒麥稈，也有一定的功效。

* 壓榨橄欖油時，與油分離的橄欖汁。

西元一世紀時，葡萄採收在九月進行，比前幾個世紀都來得早，尤其相較於希臘。一年的辛勞，在葡萄採收時有了甜美的回報，社會各階層全都動員參與！

羅馬人在拿捏葡萄完熟進行採收的時間點上做出了具體貢獻。他們在九月前後便進行採摘，而不是等到最後一刻，這也帶來了風味的變化。

整個古希臘時期，人們都是等葡萄熟透才採摘，因此酒通常很甜，希臘尤其如此。當時葡萄酒的酒精度不高（10度左右），人們會添加各種東西來調味。

奴隸，加蜂蜜！
這酒不夠甜。

希臘人還不懂得硫的用途，它是葡萄酒的防腐劑。為了增加葡萄酒風味和延長保存，他們會加入海水，水中鹽分扮演了後來硫的角色。

這酒添加了萊斯沃斯（lesbos）海岸的海水，看看有無合您的意！

再回到羅馬。葡萄酒釀酒，跟栽種葡萄一樣講究。

要知道，羅馬人的釀酒方法與兩千年後他們的遠房後代（即法國）如出一轍，只有一點不一樣：羅馬人只用榨出的葡萄汁來釀酒。浸皮（macération）步驟在當時還沒有，而正是浸皮法才能獲得我們今日的紅酒。在羅馬時代，所有的酒都是淡色的。

好了，我們已收成了好葡萄，接下來就要學會如何釀造好酒。

我們首先在壓榨槽中榨取葡萄汁，採用最天然的方式：用腳踩踏！

繩子是做什麼用的？

避免在槽裡滑倒。

接下來用這個裝置來壓榨葡萄渣，獲得剩餘的葡萄汁。

只有這一種裝置嗎？

不，還有各種不同設計來作二次壓榨。我們現在用的是螺旋式壓榨機，性能更好。

一榨好汁（有時會再過濾），便直接倒入各種形式的大陶甕，作為釀酒缸。

葡萄酒在這種有大開口的陶缸裡進行發酵，從果汁轉化成酒。

要放多久呢？

我建議9天，不可超過。

將葡萄汁倒入酒缸之前，要提前40天在酒缸內部塗上一層松脂，避免液體滲漏。

在發酵的9天裡，為了改善酒質，尤其是提升葡萄酒的陳年潛力，要在發酵汁裡加入一些材料，例如煮過的葡萄酒、海水、葫蘆巴（一種藥草）等。發酵一結束，要在葡萄酒中加入石膏花（fleur de gypse），這個步驟很重要，能夠提升葡萄酒的酸度。

接著，就用黏土將酒缸封起來，直到隔年開酒節（4月23日）才開封。

隔年春天品嚐完新酒後，品質一般的酒會作為小酒館的供應源，好酒則繼續留在雙耳瓶中陳放數年。

看到沒！好酒可以陳放數年，最好的酒甚至能放上數十年。為了識別生產年分，裝瓶時我們會在瓶身寫上當時羅馬執政官的名號。

羅馬人的一大發明，就是陳年好酒的觀念，與我們今天「好酒」（grand cru）的概念如出一轍！而「列級酒」（grand cru classé）的概念在西元前二世紀就出現了。從當時的文學作品中能夠一窺這些史上最早名酒的蹤跡。例如佩特羅尼烏斯（Petronius）撰寫的《愛情神話》（Satyricon）：

特利馬希翁的夫人跳起舞來簡直太妖嬌了，她是從露帕娜雷妓院學的吧？

的確。不過她先生準備的葡萄酒真是棒極了，663年的法萊娜（Falerno），百年陳釀！

不知是不是巧合，老普林尼也知道法萊娜這一年分的好酒。法萊娜是當時古羅馬最富盛名的佳釀之一，663年代表羅馬建城之歲，當年即西元前121年。自然學家老普林尼如此評價這個陳年逾一世紀的瓊漿玉露：

「陽光決定了663年這一年的葡萄，帶來理想的溫度……讓我們至今仍能珍藏這些好酒，即使它已濃縮成帶苦的蜜漿，這是葡萄酒陳年後自然的演變。在任何葡萄酒中加入一點點這種陳釀，便能大大改善其風味，並提升其價值。」

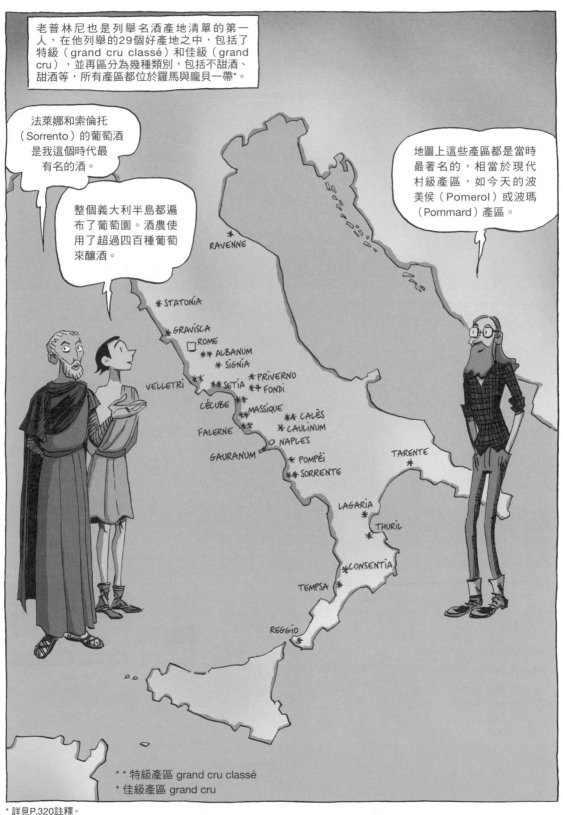

從西元前一世紀起,整個羅馬世界對葡萄酒的需求量急劇上升。光是首都羅馬城的百萬居民,每年喝掉的酒約有1.5億公升,相當於今日標準瓶裝的2億瓶!

一罐陶罐裝的酒價值1阿斯*,優質葡萄酒的價格是兩倍,2阿斯。好產區的酒可以賣到4阿斯,但也較稀有。

除了義大利本地出產的葡萄酒,眾多良莠不一的葡萄酒也從新興帝國各地進口而來。

ROME

最早對偽酒的記載亦出現在這段時期。來聽聽詩人馬提亞爾(Martialis)在他著名的《雋語》(Epigramma)裡如何形容從那邦高盧*進口的葡萄酒:

關於那邦高盧的葡萄酒,我真不知該說什麼才好,因為他們的工廠根本看不出是真是假。

我知道你為什麼時隔多年都不願踏足羅馬城了,因為你害怕喝到羅馬的葡萄酒。

帝國時期，葡萄酒與新興的美食風尚成為財富的外在表徵。阿皮基烏斯（Apicius）是羅馬上流社會的代表人物，同時也是美食愛好者。憑著品味與講究，他成為社交晚宴上的寵兒。

我要去努米底亞\*海岸，聽說那邊有超大的龍蝦，我要去嚐嚐！

阿皮基烏斯撰寫了羅馬第一部美食著作《烹飪技法》\*\*，葡萄酒在書中佔據了最重要的地位。

\* Numidia，位於非洲北部。

\*\* *De re coquinaria*，共十卷。

從書中描述，可以想像當時鋪張浪費之程度！以維特里烏斯（Vitellius）皇帝為例，根據歷史作家蘇維托尼烏斯（Suetonius）的記載，皇帝的臉「因飲酒無度而泛紫紅」，皇帝也為後世留下了縱酒狂歡的宴飲形象。古希臘法度井然的「會飲」，早已演變成放縱墮落的羅馬版，這樣的宴會場合裡葡萄酒消耗如流水。

來，像野蠻人一樣暢飲吧，不摻水的葡萄酒！

西元79年發生的史上大浩劫，摧毀了龐貝城及周邊地區，讓帝國突然間失去了大量葡萄酒藏和葡萄園，形成一道歷史分野。

我們先暫時離開這裡，前往帝國失去的一個行省「加利利」（Galilée），具體的地點在靠近泰爾（Tyre）的一座小城。

回推幾十年前，西元30年，有猶太家庭在迦拿這座小城舉辦婚禮。這是一場原本很普通的筵席，卻在葡萄酒的發展史上具有無與倫比的重要性。

讚美歸於上帝！

祝福！

他們在這裡幹嘛？想想看，有沒有想到什麼……

在這場婚禮上，有兩位歷史人物你應該認得：耶穌的母親與耶穌基督。這一幕被記載在《約翰福音》裡。

「他們沒有酒了！」

「婦人（母親），我與你有什麼相干？我的時候還沒有到。」

「他告訴你們什麼，你們就做什麼。」

這是耶穌最初所行的神蹟。

「把缸倒滿了水。」

遵命，大人。

「現在可以舀出來，送給管筵席的。」

在迦拿把水變為酒的「神蹟」裡，也證明宴席間若少了葡萄酒，就很難盡興。

？！

「人都是先擺上好酒，等客喝足了，才擺上次的，你倒把好酒留到如今！」

耶穌在人世間的壽命，在三年後結束了。在天命注定的最後晚餐上，葡萄酒的地位再次舉足輕重。《路加福音》裡如此記述：「耶穌接過杯來，祝謝了，說：

『你們拿這個，大家分著喝。我告訴你們，從今以後，我不再喝這葡萄汁，直等神的國來到。』」

葡萄酒在聖餐中的核心地位，基督徒的分享行動，對葡萄酒在世界各地的擴張有著關鍵作用。

葡萄酒的冒險故事繼續在羅馬帝國各行省上演，尤其在帝國西部——特別是在未來的法國「高盧」！

# 第 3 章

# 高盧葡萄酒的先祖

在西元最初幾個世紀裡，從一個被羅馬帝國統治的地區，葡萄酒開始向北進行漫長的征服，這個地區就是高盧。二十一世紀法國著名的葡萄園，全都在高盧找得到源頭！

從羅馬帝國的行省那邦（Narbonnaise），亦稱為羅馬高盧，葡萄酒農業從這裡作為最初的發源盆地，逐漸向外擴張。那邦首府那邦尼（Narbonne）在帝國成立的第一個百年裡已徹底羅馬化，葡萄酒成為社會活動和經濟活動的重心。

快點！我們有百人宴席的酒要送！

這些法萊娜*是要送去哪啊？

送去貝特雷**。不得了，那些凱撒第七軍團生下的後代可真能吃。

* 「法萊娜」在羅馬帝國全境已成為「好酒」的代名詞，這種說法甚至沿用到中世紀。

翻越塞文（Cévennes）山脈的天然屏障，這裡仍是高盧的「蠻區」，不久也會被凱撒羅馬化。那邦省的各個城市則在帝國建立的道路體系下完美串連起來。

高盧阿奎丹

那邦省

在羅馬人的認知裡，那邦地區是義大利向外的天然延伸，橄欖樹與葡萄生長得非常茂盛。

你怎麼種出這麼好的葡萄？

我讀了老普林尼的書！

** 今日的貝濟耶（Béziers）。

58

出了那邦省，北部的大高盧地區，包括阿奎丹人、凱爾特人、比利時人都不種葡萄。不過高盧人一向都有喝葡萄酒，只要他們有機會獲得葡萄酒。

格羅貝利克斯，你喝得夠多了吧！

啊！這個松脂味，我真喜歡！

來點大麥啤酒嗎？

不！葡萄酒！

一想到維欽托利*隨時都有葡萄酒喝，真好！

他最後可沒有如願以償！

西元一世紀初，高盧人多半還是喝大麥啤酒（cervoise），它是啤酒的前身。不過，葡萄酒已是更高貴的飲品，更炙手可熱，只有精英階層才能享用。歷史又再一次重演了⋯⋯

* 譯註：Vercingetorix，曾帶領高盧人對抗凱撒的羅馬軍隊。

在羅馬首位皇帝奧古斯都執政期間，高盧人喝的葡萄酒都得仰賴進口，義大利商人從中賺取了大筆利潤。

你看！我就剩下這麼一罐帕森了，你要用盾牌來跟我換嗎？

維欽托利的盾牌？好啊。

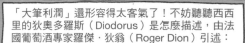

「大筆利潤」還形容得太客氣了！不妨聽聽西西里的狄奧多羅斯（Diodorus）是怎麼描述，由法國葡萄酒專家羅傑・狄翁（Roger Dion）引述：

「義大利商人憑著天生的貪婪，將高盧人對葡萄酒的熱愛玩弄於股掌之間：他們從中獲得的利潤令人瞠目結舌，明目張膽到用一支雙耳瓶葡萄酒換取一名奴隸，買家為了付錢，甚至賣掉自己的僕人**。」

** 詳見 P.320 註釋。

59

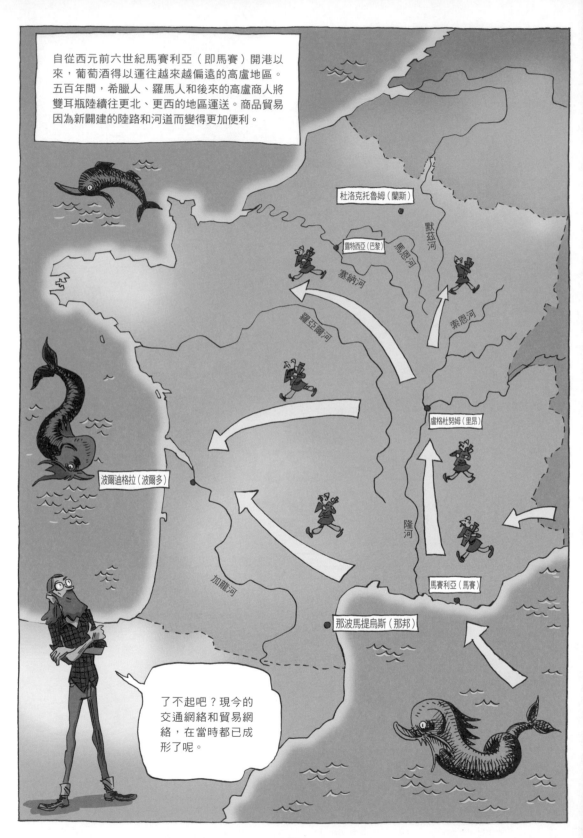

自從西元前六世紀馬賽利亞（即馬賽）開港以來，葡萄酒得以運往越來越偏遠的高盧地區。五百年間，希臘人、羅馬人和後來的高盧商人將雙耳瓶陸續往更北、更西的地區運送。商品貿易因為新闢建的陸路和河道而變得更加便利。

杜洛克托魯姆（蘭斯）

默茲河

霸特西亞（巴黎）

馬恩河

塞納河

索恩河

羅亞爾河

盧格杜努姆（里昂）

波爾迪格拉（波爾多）

隆河

加龍河

馬賽利亞（馬賽）

那波馬提烏斯（那邦）

了不起吧？現今的交通網絡和貿易網絡，在當時都已成形了呢。

凱撒出征高盧，奠定了羅馬高盧的文明發展，葡萄酒也隨著征服行動深入高盧人的生活習俗裡。不過一出了那邦省，高盧境內竟見不到任何一株葡萄樹！而且凱撒在他的高盧戰記裡，對此隻字不提。

凱撒大帝，這裡連一株葡萄樹也沒有，該如何記載？

這片毗鄰大海之地，放眼不見一棵法萊娜的影子。

不，這會讓凱撒蒙羞。什麼也別寫！

在羅馬共和接近尾聲之際，那邦境內的酒農開始向西、向北拓展葡萄園。最早在羅馬行省之外闢建的葡萄園，位於現今的加亞克（Gaillac），距離土魯斯（Toulouse）不遠。

這裡離羅馬行省邊界有數十哩遠，但氣候差不多，種葡萄應該沒問題！

老普林尼可沒這麼說過！

不要緊，這樣會離我們的高盧客戶近一點。

加亞克位於塔恩河畔，可輕易透過水路抵達當時方興未艾的波爾迪格拉城（Burdigala），也就是後來的波爾多（Bordeaux.）。

順著河道航行兩天，便能抵達一座濱海大城市，那裡的居民超愛喝葡萄酒。

但願他們永遠不要生產自己的法萊娜！

考古學家在加亞克附近的蒙唐斯（Montans）發現了最古老的製陶工坊遺跡，製作雙耳瓶與杯盤。我們得據此推斷，法國的葡萄酒史，有一部分就是從這裡開始的。

我們可以為波爾迪格拉的客戶製作一款節慶用雙耳瓶，比平常的容量大一倍，就叫它colossum*吧！

叫magnum** 是不是更好？

* 拉丁文「巨大」。　** 拉丁文「大」，即現在1.5升酒瓶的說法。

在那邦省北部，兩片知名的葡萄園初成規模，也就是今天的羅第丘（Côte-Rôtie）和埃米塔日（Hermitage）兩個法定產區。這裡是阿洛布羅基人（Allobroges）的故鄉，他們是一群驕傲的高盧人。隨著羅馬治世來臨，他們也搖身一變為家喻戶曉的葡萄酒農和令人生畏的商人。

種葡萄比和羅馬人打仗還累啊！

住嘴！我們現在都是羅馬帝國的臣民了。

到時候你就知道這酒能賣多好的價錢了！

這兩個知名的葡萄酒法定產區，證明已擁有兩千年歷史！阿洛布羅基人當時就認識到這兩地風土優異，非常適合種植葡萄。這裡的首府維埃納，被羅馬大詩人馬提亞爾暱稱為「酒鄉維埃納」（vitifera vienna）。

羅第丘　　● 維埃納

埃米塔日

● 瓦朗斯

阿洛布羅基人！這個被遺忘的民族，卻是高盧葡萄酒文化的先驅。整個阿洛布羅基土地上都遍布了他們的葡萄園。這裡正好處於羅馬世界與凱爾特世界的交會點，誕生了最早的高盧葡萄品種，所製成的葡萄酒成為日後這片廣闊地區的經濟基礎。

成功啦！這種葡萄能夠在霜降前完熟！

這種品種就叫作「阿洛布羅基亞」吧。

埃杜維人

塞庫阿尼人

赫爾維蒂人

塞古錫亞維人

奧維尼人

阿洛布羅基

維埃納

沃爾凱人

沃康堤人

利古雷斯人

薩魯維人

馬賽

這在當時是一大突破。該葡萄品種日後將往北及臨近的山區進一步擴張。我們對阿洛布羅基亞葡萄了解甚少，今天的西拉（Syrah）、維歐尼耶（Viognier）、蒙德斯（Mondeuse）應該算是它的遠房後代。

相較於加亞克的酒農能夠把酒輸出到波爾多，阿洛布羅基人透過維埃納河港，可以把葡萄酒運往高盧中部及北部地區。

你，把酒送去盧格杜努姆*，離這裡不遠。

你，送去露特西亞**，路程遙遠，但整趟都有水路可以通行。

至於你，送貨去新城奧古斯都津***，要拉馬車過去。

噢不！我不想走西線阿格里帕大道，那條路太可怕了！

*里昂 **巴黎 ***利摩日。

阿洛布羅基人釀出了最早的口碑載道高盧葡萄酒「皮卡圖姆」*，即「松脂酒」，很快便出口到布列塔尼和日耳曼地區。

我以為會是法萊娜，不過就是一般的羅馬酒嘛。

我們原本想喝的是名號響亮的皮卡圖姆啊！

* 日後指用葡萄渣摻水製成的次級酒。

阿洛布羅基人吸收了前人數百年所累積的經驗，又嘗試新的種植技術，因此得以開拓出新市場，也讓葡萄酒的消費變得更加親民。

他們跟希臘人一樣，在酒桶裡塗松脂密封，也努力把酒銷往更遠的地方。

他們學羅馬人，細心照顧葡萄樹，也貯酒陳年。

尤其他們勇於創新，培育新的葡萄品種，得以適應高盧的嚴峻氣候條件。

拿松脂來！

有悅音相伴

樹長得更好！

好！就叫這片葡萄園「羅曼尼」吧。

是在向羅馬致敬嗎？

高盧的另一側，在加龍河畔建立波爾迪格拉城的「比圖里格·維維斯克人」（Bituriges Vivisques），開墾了另一片舉世聞名的葡萄園——波爾多！

馬庫斯，你要去哪裡？

去海邊！我要試著用這塊木板漂浮在海浪上。

我們的兒子瘋了。

BURDIGALA

波爾迪格拉的天氣不像阿洛布羅基那麼寒冷，但這裡的問題是，如何培育出一種能夠耐受猛暴海洋氣候的葡萄品種。

哎呀，這個那邦過來的植物，它的花一被風吹雨淋就謝了。

欸……看來很難辦一場開花慶典了。

還是我們去物色更強壯的品種？去西斯班尼亞（Hispanie）*西邊找找看？

*西班牙。

他們當時真的就這麼做！比圖里格人，也就是今日波爾多人的祖先，他們引進更強壯的葡萄品種，震驚了羅馬世界，培育出波爾多葡萄酒的祖先「比圖里格葡萄」（Vitis Bitutica）。

某個叫速霸洋蔥‧宜高湯*的人。

成功啦，它們結果了！但是誰給了你這個葡萄品種的？

\* 譯註：漫畫《高盧英雄歷險記》（Asterix the Gaul）裡的人物。

前面提到的羅馬作家老普林尼和科魯邁拉，立即驚艷於這個品種，它也是梅洛和卡本內蘇維翁的祖先。

「這些植株在涼爽潮濕的環境中適應良好，花不會一開就凋謝。」

「即便在貧瘠的土地上也有不錯的收成，釀成的酒經過陳年會變得更好。」

左邊這艘要運往西斯班尼亞西岸。

右邊這艘運往希伯尼亞（Hibernie）*。

對於早期的波爾多商人，這兩地和波爾迪格拉的距離相當，都是理想的貿易地點。

\* 愛爾蘭。

當時的愛爾蘭，成為葡萄酒拓展海外「舶來品」市場最早的模式。在這個遠離葡萄天然生長的國度，波爾多酒商摸索出自己的一套貿易技能。

同樣的故事再一次上演了。不過這次有一點不同：愛爾蘭日後還是沒有葡萄。

西元一世紀，在謎樣的希伯尼亞，葡萄酒是極為珍貴的飲品，僅國王及權貴得以享用。

在倫蒂尼恩（Londinium）* 可喝不到這個！

盎格魯人可別心生歹念，為了搶奪葡萄酒入侵我們。

* 倫敦。

一世紀末，高盧葡萄酒取得的成就之大，連羅馬皇帝圖密善（Domitian）都屈服於義大利酒商的抗議下，他們對於高盧酒的競爭已感到忍無可忍。圖密善頒布了紀元以來關於葡萄的第一道行政命令——這條92年令，成為帝國祭出的貿易保護主義手段。

文書官，寫下來！

本人提圖斯·弗拉維烏斯·多米提安努斯代表帝國，禁止任何新葡萄園的開墾；帝國行省境內的既有葡萄園，必須削減一半的規模。

署名按慣例書寫：凱撒·圖密善努斯·奧古斯都·日耳曼尼庫斯。

嘖…真長。

兩者間的競爭相當白熱化。這支在孚日省格朗圓形劇場發現的雙耳瓶，瓶身留下了最好的證據，堪稱史上的第一個負面文宣。

PARCE PICATVM
DA AMINEVM*

\* 「拋下皮卡圖姆，遇見阿米尼恩」。

阿米尼恩是大希臘地區的古老品種葡萄酒，在整個地中海地區都很普遍，有點像今日的夏多內。

阿洛布羅基的皮卡圖姆酒和阿米尼恩酒彼此互不相讓，一路較量到拿坡里。

不過，皇帝的命令卻也提升了葡萄酒的品質，也提高了高盧葡萄酒的聲譽。平原的葡萄樹被剷除掉，改為栽種穀物，而品質更好的丘陵葡萄園則被保留下來。

我還是繼續做皮卡圖姆酒。現在我身後這片葡萄園釀的酒，真是好得不能再好了。

我也是。現在我的酒賣到日耳曼的價錢比以前更好！

高品質葡萄酒自此揭開序幕，這個模式持續運作到二十一世紀。

皇帝詔書限制了高盧西部和北部的葡萄栽種。西元二世紀時，可以從吉倫特省到日內瓦萊芒湖拉出一道分界線，將高盧劃分為南邊的葡萄種植區，和北邊的葡萄酒進口區。

盧格杜努姆

日內瓦

波爾迪格拉

迪沃納*

* 卡奧爾。

里昂的「葡萄酒貿易商」是一個強大的行會，他們發明了一項利器，對日後葡萄酒貿易將會產生革命性的影響。

我的帕森酒都運送到高盧省北部了呢，一個叫露特西亞的小村莊，你聽過嗎？

嗯！那裡的人喝得可凶呢。噢！你用大麥啤酒桶來運送葡萄酒？

是啊，這樣子搬運起來省事得多。

這項創新不是別的，正是木桶！而且一用就是兩千年。

老天啊，這些高盧木桶真是醜得可以。瞧瞧我的新型雙耳瓶，比平常的量增多一倍，有2羅馬立方呎*！

你要把這麼多瓶子一一交到客戶手中，你的船員會被你累死，老兄！

隨著隆河、萊茵河、多瑙河的水路運輸日益頻繁，使用陶土燒製的容器很快就顯得過時，它們實在太笨重了，不利於運輸。

* 約52公升。

木桶最早是凱爾特人發明的，為了運送大麥啤酒（啤酒的前身）。高盧擁有廣闊的森林，製作木桶的工藝日益精進，從西元二世紀起在羅馬帝國日漸普及。

木頭永遠會有新的。好好幹活！

如果樹砍完了怎麼辦？

你知道為什麼我們的發明這麼棒嗎？它的優點不可計數。

堅固：最初是用松木或雲杉來製作桶身，後來逐漸演進為橡木；再以栗樹木條製作桶箍，有時也採用銅圈或鐵圈。木桶不容易摔壞。

輕巧：一個200公升的木桶，淨重50公斤，是同樣容量的雙耳瓶重量的四分之一。

運輸便利：木桶可以用動物馱運，更方便的是，利用它的橢圓桶身在地上滾，用手就能推著走，或沿著桶底向前旋轉。

儲存：木桶能像雞蛋一樣堆疊，存放於船艙或酒商的酒窖裡，相較之下雙耳瓶就很難這麼做。

易傾倒：葡萄酒很輕易就能透過木塞口倒出，也能輕鬆地在桶底開洞，瀝除渣滓。

盧格杜努姆，里昂的舊稱，高盧的首府，迅速成為羅馬帝國的木桶生產中心。

想知道哈德良皇帝在位期間，木桶是如何製作的嗎？

請從這邊開始參觀！

首先，將樹幹縱向劈開。卡努特森林的橡樹最為理想。

咻咻咻…

接著要裁切木板成「梅桁」*，每片梅桁要大小一致又有彈性。

加熱讓木片束成環形，形成桶身並形成密封性。

\* 削好的橡木片。

最後用木槌將金屬環箍上，固定並調整橡木桶。

不可思議吧？即便到了今日，前幾個步驟已機械化，最後調整木桶的步驟仍仰賴手工操作。

西元三世紀起，整個帝國西部的雙耳瓶都被木桶取代！

爸爸！那是什麼東西？

別管它，沒用的老東西。

小酒桶運輸非常便利，

釀酒大桶也取代了古代的多利亞酒缸。

努梅羅比*！這個方形的酒桶行不通啦！

哦？這樣不是更方便儲存嘛……

羅馬時代木桶唯一的問題是：無法長期保存。由於木材易腐朽，使用數年後木桶就腐爛分解。至今保存尚且完好的，僅剩257個木桶。

木桶的式樣五花八門，不同地區的容量也各不相同。我們對於詳細的尺寸規格毫無頭緒，唯一可以確定的是，差異一直都存在，即使只有些微不同。

既然我們說到了勃根地（Bourgogne）……

波爾多 225公升

勃根地 228公升

香檳 208公升

* 譯註：《高盧英雄歷險記》中的人物，古埃及建築師，總有一些天馬行空的設計。

現在的勃根地究竟是從什麼時候開始種植葡萄的，這個問題一直都爭辯不休。我們只知道勃根地人的祖先，埃杜維人（Éduens），很早就從羅馬進口葡萄酒，然後也跟阿洛布羅基人買酒。釀酒可能從一世紀末開始，葡萄園則在二世紀進行闢建。最早的勃根地葡萄園文字記載，出現在君士坦丁大帝視察奧古斯都多努姆的相關記錄裡，即後來的歐坦（Autun）。

萬歲！

皇帝萬歲！

真是太榮幸了，陛下！

我們這裡雖然窮困，但仍然準備了不辱陛下榮光的葡萄酒。

這個時期，埃杜維人享有實質的免稅優惠。

他們獻給皇帝的酒來自一塊前途無限美好之地。他們使用名為「烏爾塞斯」（Urceus）的單柄大酒瓶來調合水與酒。品酒時，他們用金屬圓杯或叫作「波庫拉」（Pocula）的高腳淺杯。

埃杜維人栽種的這片葡萄園區，叫作「帕古斯・阿雷布里格斯」（Pagus Arebrignus）。後來，人們稱之為「伯恩丘」（Côte de Beaune）和「夜丘」（Côte de nuits）！

第戎

熙篤

歐坦

杜河

沙尼

索恩河畔沙隆

索恩河

人們從很早便已經發現，歐坦以東的土地非常適合種植葡萄。

這裡出產的葡萄酒滋味非凡，卻銷路不佳，因為這種酒太濃郁，賣得也太貴，反而導致所有葡萄園陷入困境。

皇帝對我們很有好感。

演說家！你來寫一篇獻給皇帝的頌詞，讓他更確信我們這裡資源匱乏。

花多一點篇幅解釋我們的好酒已光彩盡失。把這些都讓宮廷知道。

好吧。

「這片帕古斯・阿雷布里格斯，即使有些土地以種植葡萄聞名，卻不足以到令其他人豔羨的程度。本地地勢背倚多岩崎嶇的丘陵，或覆蓋濃密森林難以通行，其中有猛禽野獸出沒，肆無忌憚；另一側低矮的平原遍布著葡萄園，一路延伸至索恩河……這些葡萄酒受人喜愛，僅因為人們對實際情況一無所知，這裡的葡萄樹垂垂老矣，要是沒有當地人悉心照料，必定早已奄奄一息。經歷過不知幾載歲月風霜的根系，成千上萬條相互糾結，盤纏成塊，令深耕翻土加倍困難，致使匍匐新枝*或遭受雨淋而枯爛，或被烈日灼曬而凋萎。」

一想到要在特里爾（Trier）皇城呈上這些，我就一個頭兩個大……

為了保有免稅優惠政策撒的一個小小謊言，這就是夙負盛名的勃根地葡萄園的源頭呢。別有一番滋味吧？

* 葡萄挨著地面長出的新枝，可以生根。

埃杜維人的葡萄園之所以名氣這麼大，是因為三世紀末羅馬皇帝普羅布斯（Probus）又頒布了一項重大政令，取消了圖密善原本的禁令。帝國境內的臣民得以再度擁有種植葡萄的自由。

本人允許帝國境內所有居民種植葡萄，釀造他們自己的葡萄酒！

這杯酒敬所有高盧人民！

水路加速了葡萄種植的拓展，尤其是索恩河與摩澤爾河，這兩條河格外重要。地中海的葡萄栽植技術再次向北推進。

你們這裡真冷！

蛤？是嗎？

地理位置最北的葡萄園，當推特里爾。這座偉大的皇城擁有「第二羅馬」的美譽。西元四世紀的詩人、政治家奧索尼烏斯（Ausonius）曾賦詩讚美此地。

「望蜿蜒多岩之山坡兮，天地舞台盡現；嗅谷中寧謐之氣韻兮，呼吸間葡萄之香氣縈繞；聞船夫農人此呼彼喚之調侃兮，蕩然於山谷之間！」

嘿！貪婪的商人！別靠近我的葡萄樹！

少臭美啦，你這頭上長角的日耳曼蠻子！

西元三世紀到五世紀之間，高盧大片的土地都種植了葡萄，普羅布斯的政令成效斐然。其實這道法令的初衷，是為了讓飽受蹂躪的羅馬臣民振作起來，當時帝國正遭受蠻族一次又一次的入侵而民生凋敝。

萊茵河

特里爾

塞納河　　默茲河　摩塞爾河

馬恩河

露特西亞

羅亞爾河　　歐塞爾　　奧古斯都多努姆

索恩河

日內瓦

盧格杜努姆

波爾迪格拉

隆河

加龍河

蠻族侵襲令你家破人亡嗎？來種葡萄吧。

一道政令，奠定了今日法國成為舉世聞名的葡萄酒國家。而「南邊」葡萄酒與「北邊」葡萄酒持續數世紀的激烈較勁，可以概括為「波爾多與勃根地」間的競爭，我們留到後面再娓娓道來。

現在，我們暫別高盧，離開帝國西部這片葡萄酒的嶄新樂土，把眼光轉向帝國東部。葡萄酒的故事在那裡又呈現另一番景致。

# 第 4 章

# 各自為政的東方

我們來到羅馬帝國境內的近東地區。葡萄酒在這依舊被視為珍饈，我們最愛的飲品從這誕生，這裡的人們對葡萄酒的熱情也始終不減。然而越往東推進，葡萄酒的處境就益發艱難。

西元385年，羅馬帝國分裂為東西兩部，即羅馬帝國分治之始。在東羅馬帝國的新都君士坦丁堡，葡萄酒和在羅馬一樣隨處可見，但已顯露出某些獨特性…

嘿！你們還在用多利亞大酒缸嗎？

當然嘍，羅馬人，這是我們這裡的傳統。

東方沒有大片森林提供木材，無法製作你們高盧全面使用的那種酒桶。

而且高盧人啊，他們的酒實在淡得令人覺得可笑。

試試這個吧！口感豐富得多，這是貝卡產的酒。

好喔！

貝卡谷地坐落於今日的黎巴嫩境內，是當時東羅馬帝國最主要的葡萄酒產地之一。

這麼說不是空穴來風，看看巴勒貝克城（Baalbek）的巴克斯神殿有多麼宏偉，你就明白了。這座城市有著悠久的葡萄種植傳統，從腓尼基時代就已開始，也和古希臘人一樣，將葡萄酒輸出到地中海各地區。

今天仍然可以參觀這座神殿，這裡也是希臘羅馬時期保存最完好的遺跡之一。

這裡的優點，是地處前往耶路撒冷的交通要道。

自從基督教成為帝國唯一宗教以來，成千上萬的朝聖者都會途經此地。

所以你們都獲得了好處，生意興隆！

不像我們那裡，蠻族入侵早已令我們不勝其擾。

基督教從四世紀開始擴張，促進了帝國東部的葡萄園開墾。

我的葡萄酒有加薩的，有撒勒法的，當然也有希臘諸島的，除此之外，還有弗里吉亞、馬其頓、貝卡的都有。

我們每天做好幾回彌撒，感謝上帝！

看啊，羅馬人！我們的酒農早已把馬貢與老普林尼的知識發揚光大。

我們的葡萄園陽光充足，葡萄酒滋味豐富，和高盧人喝的淡而無味的酒大不相同！

這股繁榮的氣象甚至蔓延到帝國東部國境之外。我們到鄰近的大帝國去瞧瞧。

現在我們來到薩珊王朝統治下的波斯，正值波斯文明的黃金時期。葡萄酒在這裡比在羅馬帝國享有更崇高的地位。只消見識一下帝王巴赫拉姆五世舉辦的宮廷儀式就明白了，美妙的瓊漿玉液是整個儀式的主角。

這個「巴茲姆」（Bazm）慶典持續三天，宴會上飲酒不歇。

用來侍酒的角錐杯，是以黃金或純銀打造的神聖器皿「來通」（rhyton）。

波斯與葡萄酒有著非常古老的連繫。還記得美索不達米亞文明時期，札格羅斯山脈最原始的葡萄園嗎？*

唔……血淋淋的人力搬運機啊。

* 詳見第1章。

歷史上的波斯葡萄酒夙負盛名。位於波斯南部的設拉子（Chiraz）是最佳代表。

他們在做什麼？

他們在為世界上三種最好的葡萄酒進行盲測──法萊娜、設拉子和阿洛布羅基。

設拉子葡萄酒深受歡迎，甚至過了很久以後，當地還一直誤傳一種說法，指責聖殿騎士將這個品種帶回西方，說這就是現在西拉（Syrah）葡萄品種的由來！

什麼！聖殿騎士團的寶藏就是這玩意兒？！

可以想見，關於葡萄酒的起源，波斯人也是會編造自己的神話故事，今天的伊朗人都還知道這些故事呢。

這則古老神話的男主角是賈姆希德王，他是所有波斯人的祖先。

我們偉大的王已經統治三百年了。榮歸我王！

王對葡萄的熱愛也一日未減。榮歸我王！

賈姆希德極度嗜食葡萄，他命人將葡萄收入大缸中，以便冬天隨時能吃到，最好能一直吃到隔年的葡萄採收。

再多妻妾也和吃葡萄的快樂不能相比啊！

直到某天⋯

陛下，這缸葡萄可能被人下毒了，起了這麼多泡泡！

嗯，把它密封住，交給御醫去檢查。

然而，一位心情鬱悶的宮女決定飲下被認定有毒的飲料，了結自己的性命。

ZZZZZZ

我不想活了，喝下這毒藥就能一了百了。

別了，殘酷的世界！

嗯⋯這毒藥味道不賴嘛。好，再來最後一杯，確保有效。

ZZZZZZZ

你說你又重新體驗到生活的樂趣了？

是，大人。我從來沒有這麼精力充沛過！

所以這生命力的汁液是神聖的療癒劑囉？

波斯傳說中的葡萄酒就是這樣誕生的。是不是跟諾亞的故事一樣精彩？

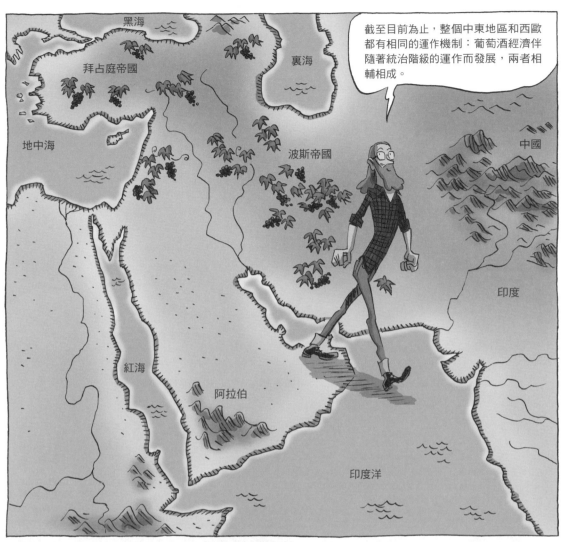

截至目前為止，整個中東地區和西歐都有相同的運作機制：葡萄酒經濟伴隨著統治階級的運作而發展，兩者相輔相成。

黑海

裏海

拜占庭帝國

地中海

波斯帝國

中國

印度

紅海

阿拉伯

印度洋

然而，歷史走到這個階段之後，地理開始發揮其作用，限制葡萄酒的持續擴張。

「葡萄酒不僅在向南和向西擴張上成就非凡，在波斯和突厥地區的開拓同樣也成果豐碩，但是一到亞洲的中國地帶，就難以繼續前行。*」

* 引自Jean-Robert Pitte，《葡萄酒的誘惑—征服世界的故事》（Le Désir du vin, à la conquête du monde, p.109）。

87

況且當地的雨季環境完全令葡萄無法生長，阻斷了葡萄向印度洋擴張。

誰叫你當初花那麼大力氣入侵我們。

波斯的植物在這裡養不活……

數百年前在亞歷山大東征之時，希臘軍隊在印度發現的「酒」很可能並不是葡萄酒，而是其他水果酒。

噗！可怕的香蕉味！

這酒是什麼東西做的，嗝？！

他喝了快13升，應該頒給他一銀塔蘭*作為獎勵。

差不多該叫停了，我們已經折損了四十個人。

* 一銀塔蘭等於25.92公斤白銀。

89

然而更往北走，進入中亞的高原谷地，葡萄種植又出現了生機。歷史學家還知道有的阿富汗部落會採集野生葡萄來製酒，跟史前時代如出一轍。

這位朋友，我們是不種葡萄的。我們直接去森林裡採，然後用採收的葡萄釀酒。

?!

跟你保證，喝起來有一點野味！

從波斯傳來的葡萄種植模式，逐漸在中亞地帶擴散，特別是位於今日的烏茲別克綠洲地區。*

我可不同意，明明是我們先來的。

不行！你們都已經在錫爾河綠洲種葡萄了。

你們倆也太無恥了吧，誰不知道你們在布哈拉已經說好了呀？

胡說八道，我怎麼可能跟這個駱駝娘養的傢伙合作？

你知道他在說什麼吧，駱駝娘養的傢伙？

在中亞的這條道路上，到處都是這種個人主義的主張。也許有一天，人們會把這條道路稱作「私路」！

* 詳見P.320註釋。

在這片遍布沙漠的土地，葡萄從幼苗起就種植在堆積的土畦上，以節省灌溉用水。葡萄旁邊挨著種哈密瓜！

地下水非常的深，幫葡萄澆水時，也順便幫哈密瓜澆水。

從菜餚與酒的搭配來說，這種組合顯然不太高明。

這種奇妙的農作法一直維持至今日！

同一時期，葡萄酒也傳到了中國西北部，即今日的新疆。西元383年，呂光征討西域，攻陷龜茲，他發現了奇妙的東西。

報告將軍，我們把城攻下了！

將軍！我們在屋子地窖裡發現了奇怪的飲料，就在那邊。

大甕裡的東西是果汁。

這傢伙竟敢說這些果汁存放了好幾年。

?!

饒命啊，大人！

我怎麼有點印象。

去叫大學士過來！

這就去，將軍！

你學識淵博，看看這個，是否就是遙遠的西域國用葡萄製成的飲料？

正是，將軍。帝國境內的人稱之為「葡萄酒」。

把故事娓娓道來！

西元前二世紀張騫出使西域，一路走到費爾干納盆地*，當地種植了大面積的葡萄園，居民通曉以葡萄釀酒。

* 位於今日的烏茲別克。

當地之人光靠飲葡萄酒便身強體壯？！

受好奇心驅使，張騫將幾株葡萄帶回京城長安*，下令栽培。

好好栽種這些矮樹，等結了果實後，我們要給皇上一個驚喜。

遵命。

這些紫色果實真前所未見！
將作何用途？

可釀酒，
皇上！

於是乎葡萄酒變成宮廷裡倍受青睞
的飲料，同時，也成了一味中藥。

皇上若龍體欠安，
應飲之，毋庸節制。

皇上若龍體安康，應飲
之，毋須掛慮。

不過，葡萄酒在西元
一千年內的遙遠中國，
僅是宮廷裡才能喝到的
稀罕珍饈。

?!

還有一件事還沒做，將軍。

何事？

學學您的手下，嚐嚐看。

好喝。

恐怕會喝上一整夜……

不過，西元初期之際，佛教文化已在東方扎根，因此也限制了葡萄酒的發展。唯獨米這種文明內的食物，才有資格釀製神聖的飲品。

哼！這玩意那比得上我們的米酒。

可不是嘛，將軍，畢竟我們都是唸阿彌陀佛長大的。

葡萄酒在中國始終是一項新奇的舶來品。而我，巴克斯，也一直跨越不過中亞地區。

一直到西元七世紀、幅員遼闊的唐朝以後，貴族階級總算能喝到邊疆地區出產的高級「產區酒」，在吐魯番*開墾出第一個優質葡萄園區。

這不是我要的酒。吐魯番酒喝起來和撒馬爾罕酒不一樣，我還是喝得出來！

抱歉，大人。我馬上去更換。

應該要為西域各個綠洲的葡萄園建立分級制度，辨認起來也更容易！

* 位於新疆的城市。

95

葡萄酒在亞洲的發展，吻合了地中海釀酒葡萄品種（Vitis vinifera）誕生的時間點。而我們雖然知道葡萄酒透過絲路進入亞洲，其具體發展依舊是個未解的謎團，這也是考古學家派崔克·麥高文多年來試圖破解的問題。

錫爾河城

塔什干

撒馬爾罕

阿姆河城

吐魯番

大唐帝國

阿拉伯

印度

南海

中國境內打從不可考的遠古起就有三十種以上的野生葡萄。我認為葡萄酒在這裡極有可能與美索不達米亞同時期出現，早於佛教傳入之前。

人們在河南的賈湖村發現了西元前七千年的大甕，從甕內的殘留物推斷，中國本地的原生文明在發酵米的同時，也已開始釀造葡萄酒。

別忘了葡萄果實本身就自帶天然酵母，能夠自行發酵。因此，在中國的新石器時代，很可能已有人摸索過釀酒了，雖然並無法證實。

我們都期待有更深入的認識，但我們的亞洲葡萄酒探索已不得不告一段落。而葡萄樹雖在西元八世紀傳到日本，日本人只將葡萄當成水果食用，並沒有釀酒行為。

我們現在要回歸故事主線，回到同時期的歐洲，即封建制度建立的時期。

中國

日本

# 第 5 章

# 基督之血

匈人

東哥德人

盎格魯人

撒克遜人

旺達爾人 蘇維比人

法蘭克人

勃根地人

西哥德人

阿勒曼尼人

我們回到了歐洲，來到蠻族入侵時期。這些動盪深刻影響了第一個千禧年的政治制度和社會體系。

西元四世紀起，蠻族頻繁入侵羅馬帝國的西部行省，社會全面崩解。

該死的，又是個釀酒廠！

呃，但是他們的酒真好啊。

來自帝國境外的許多部族，因此認識了葡萄酒。

這種酒的確比我們用穀物釀的酒好喝多了！

可惜，他們只知一股腦地喝個痛快，完全不去關心怎麼釀酒。

長官！這些房子和農作我們要怎麼處理？

按照往例。把酒帶走，其餘全部放火燒掉。

蠻族入侵瓦解了羅馬帝國的社會安穩性。大量珍貴的葡萄園及酒莊也不得倖免。

長官！這麼做很蠢，要是把釀酒廠都毀了，我們很快就會沒酒喝了呀。

閉嘴！我們繼續往前進攻，就會有更多的酒！

野蠻人！

還是很不智啊！

不好意思，大人，我們已經很久沒有葡萄酒了。

?!

不會又要回去喝啤酒吧？

又回到野蠻時代啦。

西歐葡萄酒文化在瀕死之際，被一個新出現的人物所拯救：主教。

我是基督教會的主教。

你們幹嘛這樣看我？

隨著皇權弱化，基督教會的領袖，也就是眾多主教，作為教會最早的統治者，也成為各城市最早的行政長官。

主教大人，居民代表都到了，就等您來開會。

我待會兒就到。開完會，所有人一起來做彌撒！

葡萄酒的供應問題開始由這些新領導人接手管理，因為葡萄酒對於基督教儀式來說不可或缺。

基督的肉身，不成問題。

基督之血，僅勉強夠用。

在中世紀早期，主教肩負起保護葡萄園的任務，並再度推廣葡萄種植。

才新種了兩行葡萄？還有一百行等著你呢。

動作快一點！不然，你就等著下地獄吧。

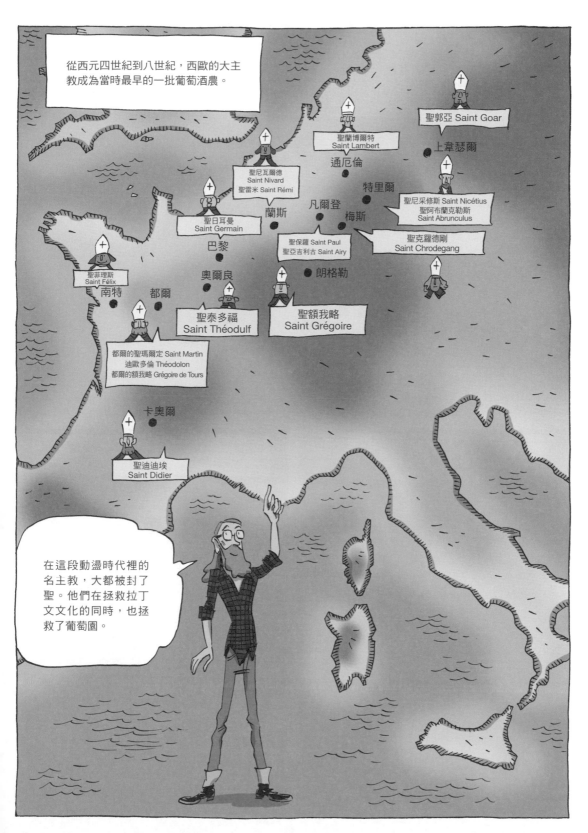

從西元四世紀到八世紀，西歐的大主教成為當時最早的一批葡萄酒農。

聖郭亞 Saint Goar

上韋瑟爾

聖蘭博爾特
Saint Lambert

通厄倫

特里爾

聖尼瓦爾德
Saint Nivard
聖雷米 Saint Rémi

蘭斯

凡爾登

梅斯

聖尼采修斯 Saint Nicétius
聖阿布蘭克勒斯
Saint Abrunculus

聖日耳曼
Saint Germain

巴黎

聖保羅 Saint Paul
聖亞吉利古 Saint Airy

聖克羅德剛
Saint Chrodegang

聖菲理斯
Saint Félix

南特

都爾

奧爾良

朗格勒

聖泰多福
Saint Théodulf

聖額我略
Saint Grégoire

都爾的聖瑪爾定 Saint Martin
迪歐多倫 Théodolon
都爾的額我略 Grégoire de Tours

卡奧爾

聖迪迪埃
Saint Didier

在這段動盪時代裡的名主教，大都被封了聖。他們在拯救拉丁文文化的同時，也拯救了葡萄園。

103

西元六世紀的尼采修斯主教，便因為在伯根丘陵重新栽種葡萄而口碑載道。這片靠近特里爾皇城的老葡萄園，曾被奧索尼烏斯賦詩讚頌過它的美好！

一起努力吧！為了上帝的榮耀，我們先復育這片葡萄園。

然後再一步一步打造我們的城市。

這項不畏艱辛的舉動，令詩人弗楠斯·福圖那（Venance Fortunat）衷心喜悅，他後來成為普瓦捷主教。

「他在難忘的坡地上，種滿令人垂涎的葡萄。」

「曾經的荊棘之地，如今盡是翠綠的藤蔓。」

為他舉杯！

這些主教兼酒農形成了最早的專家社團，彼此交換自家生產的葡萄酒，進行品嚐。

Tunnas decem elegentissimi falerni*！

為什麼我們的凡爾登主教聖保羅在用拉丁語喃喃自語？

他收到卡奧爾主教聖迪迪埃送來的葡萄酒。因為太好喝了，難掩內心的喜悅。

*「十桶絕頂佳釀！」

在當時，葡萄酒不僅限於聖餐禮儀式使用，它也是接待王公貴族的高級飲品，因此誕生出「接待酒會」（vin d'honneur）的傳統。

陛下，這是專門為您準備的、我個人酒窖的收藏！

嗯……

我們以為可以喝到卡奧爾（Cahors）的酒，聽說好喝得不得了。

教區內最好的葡萄酒，開始構成了一種可作為交換的搶手貨幣。

聖奧努弗\*啊！你未免也太傷人了！這種布料可是奧斯特拉西亞\*\*最好的作坊生產的。

別拗了，賣東西的。我們的主教已經拿出這上等的卡奧爾來，喝得到聖迪迪埃的聖靈呢。

如果是聖迪迪埃的話，那……

到了天國，上帝會十倍奉還給你，懂吧？

繼續唬吧！

---

\* Saint Onuphre，紡織與布商公會的庇護聖人。
\*\* Austrasia，梅羅文加王朝時期的法蘭克王國。

大量的修道院在這段期間出現在歐洲大陸各地，也促進了葡萄酒的復興。努西亞的聖本篤（Saint Benedict of Nursia）創立了本篤會，對此做出重要的貢獻。

Orare et laborare*。

這個口號真的有效！

*「祈禱與勞動」。

西元五世紀到十世紀之間，總共有1184座本篤會修道院在西歐地區設立。聖本篤在會規*中，對於修道士的靈修生活與各個實踐面向都有明確的規範。

修士在下午三點之前不得進食，每日僅食一餐，食不語。

會父！葡萄酒應該怎麼喝，這很重要呢。

啊，對，葡萄酒！

* *Vie et règle de Saint Benoît*, Éd. Médiaspaul, 2007.

這個時代奠定的道德規範，關於飲酒微妙平衡的拿捏，至今依舊為我們所奉行。

修士是軟弱的，一週葡萄酒飲用次數不得超過三次。

當然，修道院院長不在此限。

會父，這也太少了吧！

喝葡萄酒是必要的，但經常性飲酒過量則非常不妥。

唔，好吧。每天最多喝一艾敏*，必要時可以破例多喝一點。

清楚了，會父。

* 古代容量單位，約為270毫升，比今日標準瓶的三分之一再稍多一點。

一如在主教轄區，葡萄酒在修道院裡也是不可或缺的東西，不管是做彌撒，或接待貴賓皆然。那麼，兩者有什麼差別呢？修院僧侶會從零開始，從他們選擇的適宜地點來開墾葡萄園。六世紀的聖加萊（Saint Calais）就是這麼做的。

同修們，請看主指引我們到了怎樣的一塊土地！看看這肥沃的土壤、豐沛的水源！

遍訪法國中部地區之後，聖加萊終於在阿尼以河畔\*找到了神恩的歸所，在那裡建立本篤修道院和自己的葡萄園。

\* 位於今日的法國薩特省。

我們要在山坡上種滿葡萄，在舊有的居住遺址上興建修道院。

當然，修院裡不能沒有la cella hospitum\*，我們要給客人最好的葡萄酒。

\*「待客酒窖」。

還得奉行聖本篤的戒律，每日一艾敏，不可過量。

呃……這一點嘛，等我們釀出好酒再說吧。榮歸我主！

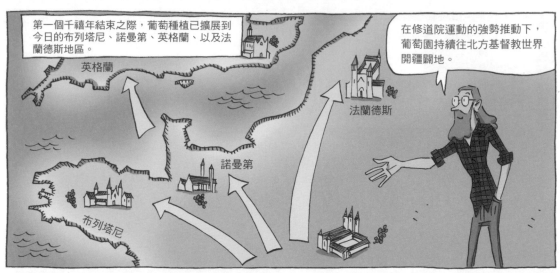

第一個千禧年結束之際，葡萄種植已擴展到今日的布列塔尼、諾曼第、英格蘭、以及法蘭德斯地區。

英格蘭

法蘭德斯

諾曼第

布列塔尼

在修道院運動的強勢推動下，葡萄園持續往北方基督教世界開疆闢地。

這可不是什麼輕鬆的差事！

神父，葡萄一直都成熟不了。

唔……也許上帝自有安排。已經是第三年了。

朱米耶日（Jumièges）修道院・諾曼第

院長，這些只能做出酸葡萄汁了。

我們是不是該考慮去養殖貝類……

列洪（Léhon）修道院・布列塔尼北部

為什麼要讓葡萄爬藤架*？

好讓葡萄曬得到太陽啊，看！

索爾尼（Thorney）修道院・英格蘭

\* 修士的一手經驗！

除了幾個案例遭遇到困頓，基督教的葡萄種植與釀酒基本上發展蓬勃。一個吃喝享受的僧侶形象，大約也是在那時候出現的。

我的理解是，不可少於「每日一艾敏」！

在那個時代，某些高級神職人員行使了基督才能行的奇蹟。一個廣為人知的早期故事裡，國王希爾德貝爾特二世（Childebert II）目睹了凡爾登的聖亞吉利古的神蹟，驚得目瞪口呆。

酒缸裡的酒取之不盡！

陛下！主教大人太神奇了！

!?

好嘍，劃個十字，酒就出現了。簡單吧！

中世紀早期的國王與貴族都還不是葡萄園主。他們把土地劃分給教會，期許主教與修士提高葡萄酒的產量。

國王將這些優質的土地賜給您，這樣，您便無需祈求上帝的幫助了。

陛下英明。

這些贈地大大增強了教會的經濟實力，葡萄園也成為教會的重要資產。

第一個千禧年交接之際，主要的葡萄產區都已恢復種植。

動作快一點，這是上帝的意思！

此時，西歐的政治重心轉移到萊茵河畔，因為一位重要的歷史人物現身——查理曼大帝！

新帝國需要大量、大量的葡萄酒，這是為什麼查理曼在某種程度上被視為德國葡萄園之父。德國的葡萄園在他手中形塑成今日的風貌。

查理曼大帝飲食有度。

欸，慢一點！你幫我續第四杯了！

這樣就夠了？

吾王嗜食烤肉，但每餐的酒量很少超過三杯。

查理曼大帝不敢輕忽葡萄酒的社會角色和政治分量，葡萄園面積進一步擴大。

你們看！這面山丘的雪融化得比較快，應該在這裡種葡萄。我們的種植面積還要擴大。

查埋曼也促成葡萄酒的商業化。例如，他核准日耳曼地區的酒農直接賣酒給旅人。這些賣酒的場所，門上會懸掛著一根樹枝。

虧他們想得出來！

呃…這撐不了多久吧。

一千年後，奧地利維也納的酒農維仍持了這項傳統，這類小酒館就叫作「赫里格」（Heurige）。

查理曼將高登山的葡萄園賜給索略的修士。

我把上面這片坡地賜給你們。要釀出好酒！

阿門！

這就是名酒「高登查理曼」（Corton-Charlemagne）的由來。

哼，行銷話術！

噢不，先生，這是最、最古老的葡萄酒了。

西元九世紀，默茲河谷地一帶逐漸分布了葡萄園，今日德國的葡萄產區，在此時已初現規模。

安特衛普

馬斯垂克

亞琛

列日

那慕爾

默茲河

日韋

色當

這片區域未來將會供應一個非常大的葡萄酒消費市場：英格蘭。

親愛的合作伙伴，南方的酒無法再運往北方了。我在約克開了一間商行，直接從默茲河那邊進口。

真有眼光！

可惜啊，波爾迪格拉*的葡萄酒在過去可是人人稱讚的。

波爾迪格拉，那是哪裡？

*波爾多舊稱，詳見第3章。

112

我們的根扎得非常深，深
植在非常悠久的傳統裡。
很令人驚訝吧？

現在，我們準備前往北非和中東地區。西
元七、八世紀起的一件大事，將會改寫葡
萄酒歷史的進程。

那就是，伊斯蘭教
的誕生，和它的快
速擴張。

# 第 6 章

# 自相矛盾的伊斯蘭

接下來我們就要講到一位對葡萄酒史有著最深遠的影響的人物，這個人，禁止了地球上大半人口飲用葡萄酒！我們先從西元六、七世紀的阿拉伯說起。

葡萄酒在西元六世紀已出現在阿拉伯半島上，貝都因人偶爾會喝。在大型市集裡，必定有拜占庭和波斯商人在賣酒。

嘿，塔伊夫*的朋友，這裡有好東西！

這就是我跟你提過的拜占庭商人。

儘管如此，在這些部落民族生活的乾旱地帶⋯

之前跟您推薦過的設拉子葡萄酒，總算有貨啦。

嗯⋯

⋯葡萄酒喝得不算多。

我們只想嚐一嚐味道。你知道的，我們漢志*人很少喝酒。

當然，當然！

當時大部分的人都信了基督教，甚至有的人皈依猶太教！

我們都是有相同信仰的兄弟，請把這個消息告訴所有親朋好友，讓他們品嚐來自波斯的美酒。

我也是基督徒。

我是猶太教徒。

我兩者都是。

我是阿比西尼亞人，所以也是基督徒。

?!

《舊約》與《新約》在阿拉伯皆廣為流傳，兩部經典裡有很多對於飲酒的告誡。

有！就在這裡，第1658頁裡的《箴言》說到：「酒能使人褻慢，濃酒使人喧嚷；凡因酒錯誤的，就無智慧。*」

所以，你應該要節制。在我看來，最好什麼都別碰。

一瓶賽普勒斯的法萊娜，多可惜啊！

貝都因人對飲酒的認知，與地中海人相當不同。

在我們那裡，每餐都要喝葡萄酒，還不包括做彌撒呢，嘻嘻嘻！

有些歷史學家認為，嚴苛的氣候條件，造成當地許多人喝酒懂得克制。

如果你在這裡喝太多酒，會要了你的老命的，尤其是大白天。

啊…

* 箴言 20:1。

610年，大天使加百列首度對穆罕默德進行了「啟示」（即阿拉伯語之「古蘭」）。此時在這個地區，其實是可以喝葡萄酒的，人們也正常地飲酒。

「善人們必在恩澤中……你能在他們的面目上認識恩澤的光華。他們將飲封存的醇酒，封瓶口的是麝香……天醇的混合物，是從太斯尼姆來的，那是一洞泉水，真主所親近的人將飲它*。」

* 摘自休·約翰遜的《世界葡萄酒史》（*Une histoire mondiale du vin*）P.98。

《古蘭經》這一章透過真主阿拉的啟示為信眾描繪了一個天堂，葡萄酒在天堂裡據有核心地位，至今依舊不變。畢竟，這個地區從遠古時代就開始飲酒，還在綠洲中種植葡萄。

「阿拉伯地區的葡萄酒即使從來就不是絕頂佳釀，但不論是本地出產的酒，或是從更肥沃的土地進口的酒，如沙姆*、美索不達米亞、福地阿拉伯**，對於西元六世紀的麥加人來說，葡萄酒都是他們日常生活裡的一部分。」

休·約翰遜
（Hugh Johnson）

* 敘利亞的舊稱。
** 阿拉伯南部沿海地區。

真主的啟示「古蘭」存在種種不同的解讀。書中論及了大量主題，但除了穆罕默德接受的啟示，其他內容並沒有明顯的次序。在前幾章裡，葡萄酒還一直作為東方文化裡地位崇高的元素。

對了！關於葡萄酒，你就這麼寫……

但是我不識字！

啊，對，那你記得我所說的，再念誦給信眾聽：

「我給你們棗樹和葡萄樹，從果子中得到醇酒和美好的營養。」

後續的啟示中，出現了首度警告。

我再把對酒的看法講清楚……

「他們問你飲酒和賭博，你就這樣說：這兩件事中都有重大的罪惡，儘管對人類也有一些益處，但其罪過比其益處更大。」

最後又補充了好些警告……

「信道的人們啊！你們在酒醉的時候不要禮拜，」

「直到你們知道自己所說的是甚麼話。」

…與基督教和猶太教相同的戒律。

就跟《聖經》一樣嘛，對吧？

嘿，你等著瞧！

根據伊斯蘭學專家的研究，徹底的禁酒令源自於先知生前一件廣為人知的事：他的信徒因為一場爭端而大打出手。

先知！所有從麥地那和麥加過來的信徒，今晚都齊聚在此了，讓我們來慶祝這場愉快的聚會吧！

先知，我的麥加友人信徒想要朗誦一首詩，關於麥地那人的諷刺詩。

絕無意冒犯之意……

?!

?!

* （阿拉伯語）詆毀麥地那人的言論。

閉嘴，你這麥加駱駝娘養的！

你知道人們是怎麼講你的，麥地那人，沙漠裡的狗。

該怎麼做才能讓這種事不再發生呢？

總不能叫警察來吧！

從今以後，該怎麼做已經很清楚了。

「飲酒、賭博、拜像、求籤，只是一種穢行，只是惡魔的行為，故當遠離，以便你們成功。惡魔惟願你們因飲酒和賭博而互相仇恨，並且阻止你們紀念真主，和謹守拜功。」

於是，葡萄酒成了永生之後才能享受的快樂。面對葡萄酒，伊斯蘭教顯得自相矛盾：酒很重要，但是在此生裡不得享用！

反之，在天堂裡⋯⋯

在許諾給良善者的「樂園生活」裡，葡萄酒必不可少，如同性愛、音樂、節慶，這些永恆國度裡的歡愉，屬於那些在人世間能夠恪遵真主教誨的信徒。

於是，西元七世紀，史上第一道禁酒令開始實行。

你們在做什麼？

先知教導我們，從今以後，此生不得飲酒。

因為葡萄酒太誘人了，還是不要留著比較好。

不過，有禁令就有違抗，所有文明裡一定都會發生這種事！

飲酒自然得以一種更隱密的方式繼續在阿拉伯半島上進行，尤其是在上層精英圈裡。

窗板關得這麼緊，我都看不到酒色了！

是的，不過這樣伊瑪目*也看不到我們了。

\* 譯註：Imam，指某些伊斯蘭國家元首或教長。

事實上，從一開始就有辯論，關於是否應嚴格遵循教誨裡的禁酒令。

先知說了，喝酒的人要受四十下鞭刑。

先知也說過，可以喝酒，只要不醉即可。

阿伊莎，穆罕默德最寵愛的妻子。

不過，隨著伊斯蘭教的擴張，葡萄酒也一起跟著深入到整個地中海周邊地區。

安達魯西亞

君士坦丁堡

拜占庭帝國

馬格里布

大馬士革　巴格達　　波斯

耶路撒冷

開羅

埃及

阿拉伯

麥地那

麥加

請看，七世紀前半*穆罕默德去世時，伊斯蘭教已經從埃及擴張到了亞美尼亞。

又過了一個世紀，古老的波斯帝國與拜占庭帝國滅亡，穆斯林勢力從西班牙西哥德王國一路延伸至遙遠的撒馬爾罕！

* 確切日期不詳（約西元632年）。

在葡萄種植的發源地，一個發明釀酒、幾千年來一直喝葡萄酒的地方，要完全禁酒根本是不可能的事。

我們波斯人，從賈姆希德*時代就開始喝酒了！

* 詳見第4章。

是這樣沒錯。如今信了真主，你得等到了天堂才能享受了。

得了！大家都知道先知自己也喝椰棗酒，還讚不絕口。

也許吧，但別忘了《古蘭經》關於飲食的章節，還是乖一點吧！

既然如此，為什麼我們的宗教領袖允許基督徒與猶太徒跟我們共同生活在城市裡，還允繼續種植葡萄和賣葡萄酒？

這就得找你的伊瑪目問個究竟了。

人們跟葡萄酒的關係，在穆斯林社會各階層裡逐漸發生了變化。首先的轉變，就發生在最高領導者「哈里發」*身上。

這樣夠高了嗎，信仰領導人？

這位強大的哈里發，有個奇特的愛好。

我愛什麼？黃色。沒錯，就是黃色！

不夠！為了真主的榮耀，再建一層！

著名的穆塔瓦基勒是個好例子，西元九世紀他統治了薩馬拉城*。

我的宅邸、我的宮殿，統統都要用黃色的。

* 位於巴格達北部。

我最喜歡用黃色的水果來擺飾餐桌了，像是甜瓜和檸檬！

當然，我也用黃色葡萄酒來款待佳賓。

沒錯，從古老的美索不達米亞時代起，人們便懂得釀造酵母膜酒（vin de voile）*，和今日法國汝拉出產的黃酒十分接近！

* 譯註：酒桶在陳年過程中，表面生成了一層酵母「酒花」，將酒液與空氣隔絕，能使酒體變得更加豐富，並適於陳年。

這位哈里發舉辦的宴會是這樣一番景象。

賓客在接近中午時抵達，我們會先提供午宴，但暫無飲料。

然後，賓客們好整以暇地沐浴更衣，換上更加隆重的服飾。

我們先請長者入座，年輕人站在長者身後。

接著，每位賓客輪流享用一杯美酒。待儀式結束後，晚宴才正常舉行。

這樣的聚會可以持續到隔日清晨，甚至延續數天。酒會裡穿插著音樂演奏和討論，以消解酒精效力。

我以先知的鬍子起誓，設拉子酒永遠是最好的，沒什麼好說的。

於是我跟他說：你要不要來我房間喝最後一杯？

這些利比亞奴隸，太多人啦！

我以海神涅普頓的鱗片起誓，毫無疑問，法萊娜永遠是最好的。

於是我跟他說：你要不要來我房間喝最後一杯？

這些努米底亞奴隸，太多人啦！

這場景有沒有一點似曾相識？

跟古希臘的會飲和羅馬的狂歡宴*一樣，這個時代的哈里發酒會，一樣是把酒當成言談的焦點！

可以確定的是，人們總是喝得東倒西歪的。

跟古人一樣，我們也會在酒中加入香料，蜂蜜，冰塊等等。

* 詳見第2章。

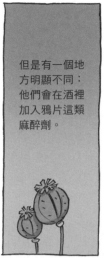

但是有一個地方明顯不同：他們會在酒裡加入鴉片這類麻醉劑。

加了這個，美酒會好上加好！

古蘭經也沒說這樣不行。

這種混酒法也許不是什麼好主意。

穆斯林還有一項重要傳統，得以規避禁酒令，那就是阿拉伯醫學。西元十世紀的學者伊本‧西那便是最顯赫的代表人物，他發跡於薩曼王朝的布哈拉*宮廷。

你聽說了嗎，那位年輕天才被任命為宮廷御醫了？

當然，他奇蹟般治癒了我們的王子。

* 位於今日烏茲別克。

偉大的伊本·西那一生成就非凡。白天，他運用希臘羅馬的傳統醫學觀念為穆斯林世界的權貴治病——葡萄酒，也是一項有利健康的補品。

我的病嚴重嗎，大夫？

大人，與其您每天吸一袋鴉片，不如每餐飲一杯葡萄酒！

夜晚，他專注於著書，其集大成的巨著《醫典》（Canon）在整個中世紀都是最重要的醫學經典。

加油，只剩下兩千五百頁了。

與數百年後的孟德斯鳩一樣，這位穆斯林醫師也思考葡萄酒在社會裡扮演的文化角色。

葡萄酒在寒冷的國度比在炎熱的地方更容易被接受。

他也把自己當作一個觀察對象。

如果我遇到困難，我就去清真寺，向造物主祈禱，直到有了新的領悟。然後我回奔回家，繼續工作。如果感覺疲倦，我就喝上一杯葡萄酒，重拾能量*。

不過，伊斯蘭國度裡最重要的葡萄酒守護者，可能不是我們想像的那些人……

* 按伊本·西那的原著所編寫。

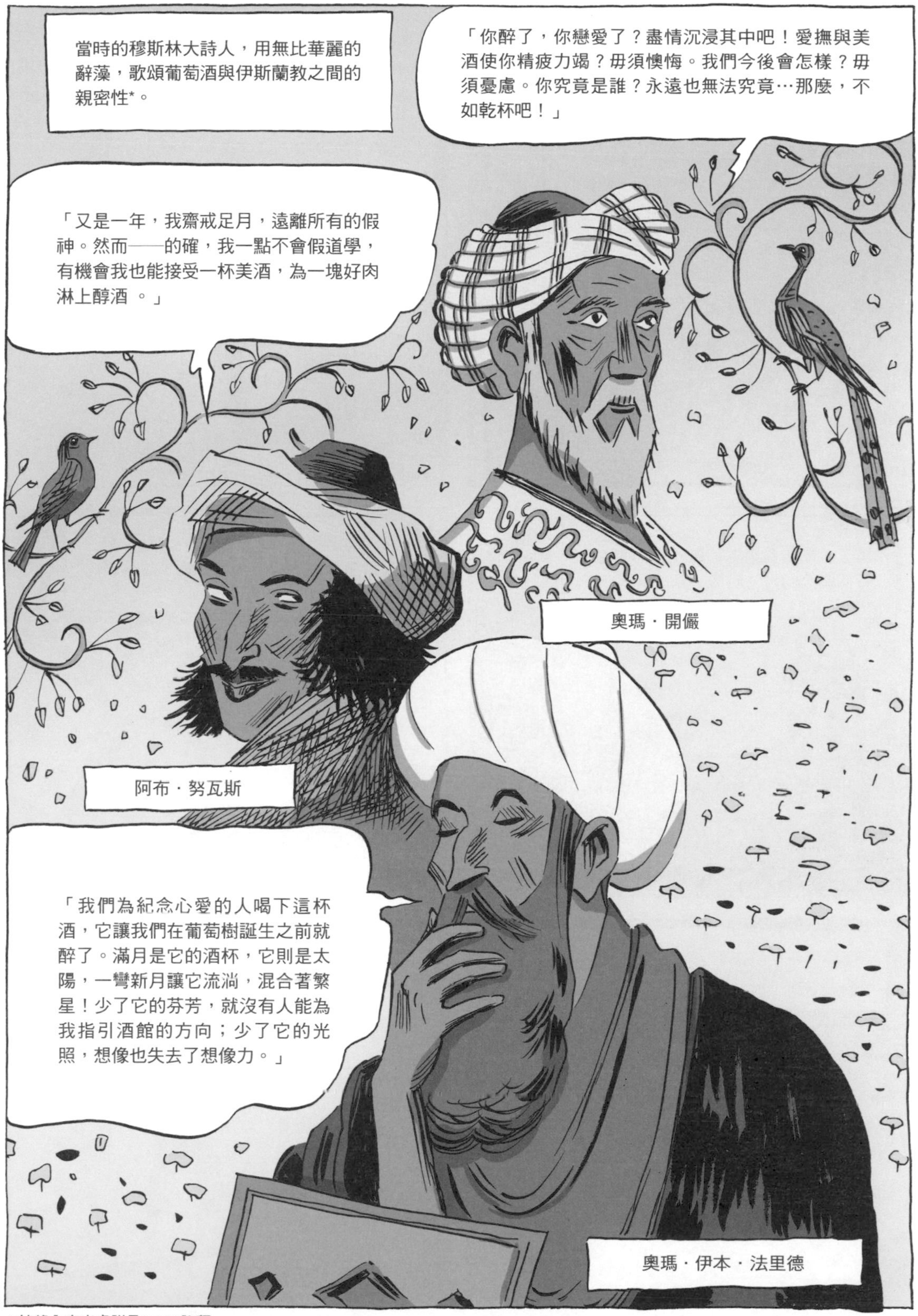

當時的穆斯林大詩人，用無比華麗的辭藻，歌頌葡萄酒與伊斯蘭教之間的親密性*。

「你醉了，你戀愛了？盡情沉浸其中吧！愛撫與美酒使你精疲力竭？毋須懊悔。我們今後會怎樣？毋須憂慮。你究竟是誰？永遠也無法究竟…那麼，不如乾杯吧！」

「又是一年，我齋戒足月，遠離所有的假神。然而──的確，我一點不會假道學，有機會我也能接受一杯美酒，為一塊好肉淋上醇酒。」

奧瑪·開儼

阿布·努瓦斯

「我們為紀念心愛的人喝下這杯酒，它讓我們在葡萄樹誕生之前就醉了。滿月是它的酒杯，它則是太陽，一彎新月讓它流淌，混合著繁星！少了它的芬芳，就沒有人能為我指引酒館的方向；少了它的光照，想像也失去了想像力。」

奧瑪·伊本·法里德

* 摘錄內容出處詳見P.320註釋。

129

阿拉伯文學的經典作品《一千零一夜》裡也有許多關於葡萄酒的故事，尤其是在航海家辛巴達的第五次航行裡，發生在「猴子島」上的故事。

登島之後，我答應讓一個小老頭騎在我肩上，但他顯然是個迷你惡魔。我越來越感到喘不過氣，他卻拒絕下來。

好不容易，我找到一排排的葡萄樹，樹上結著熟透的葡萄，我立刻採摘。

為了釀酒，我把葡萄串放陽光下曬，等待適宜的榨汁時機。

為了騙過小老頭，我嚐了一口酒，興奮地手舞足蹈起來，誘使他也想嚐嚐這喜悅的滋味。

由於他不了解葡萄酒的酒勁，很快就醉倒了，我也終於獲得解脫。

他一落地，我就置他於死地，因為連神也絕不會憐憫他。*

* 根據原文所改寫。

在穆斯林世界的中世紀大部分時間裡，地中海東部擁有數百年歷史的大型葡萄園，大抵都能順利保存下來。

中馬格里布

克里特島

賽普勒斯

貝卡

埃及
科普特

波斯

印度河
流域上
游

對於穆斯林的領袖來說，葡萄酒仍然是非常有利可圖的課稅商品。

基督徒！下次收成時，本宮將對葡萄酒貿易稅提高一倍。

你只要多出兩倍貨就能達成嘍，嘿嘿嘿！

很榮幸，偉大的哈里發！

如此一來，伊斯蘭教又促成葡萄酒朝向歐洲以外再更進一步擴張。

在很長一段時間裡，歐洲最受歡迎的葡萄酒來自穆斯林統治的地區，如今天的黎巴嫩、賽普勒斯和克里特島。其中，最著名的「高級產區」，非愛琴海中部的聖托里尼島莫屬。

在這裡，要吃得了苦，才釀得出葡萄酒。

聖托里尼島的葡萄藤全都纏繞在一起，生長在山壁的間隙裡，唯有這樣才禁得住暴風雨以及海洋多變氣候的侵襲。

葡萄酒從天而降，是天主送給我們的禮物！

正確來說，是真主阿拉。

酒桶從峭壁上垂直降下，直接裝載上威尼斯商人的貨船。這些商船的身影從十二世紀起便在地中海上隨處可見。

威尼斯人憑著強大的貿易能力，成為歐洲東北新興基督教國家的葡萄酒供應商，尤其是在天主教的波蘭，和信奉東正教的俄羅斯。

波羅的海

他們都痴心等待葡萄酒。我來了！

直到十三世紀，聖餐禮一直都以兩種形式進行：麵包（身體）和葡萄酒（寶血）。基督教國家越多，葡萄酒的需求量就越大。

波蘭

俄羅斯

然而，即使葡萄酒得以在伊斯蘭世界續存，能夠為封建基督教國家供給葡萄酒的，並不是東方的葡萄園，十字軍東征也沒有帶來太大的改變。

基督聖墓已經收復了！我們現在要做什麼？

再把葡萄種起來！

是的，西歐才是世界的「葡萄酒糧倉」，這個時期是法國、西班牙、義大利、德國諸國由國王統治的時代。

# 第 7 章

# 西歐的封建旗幟

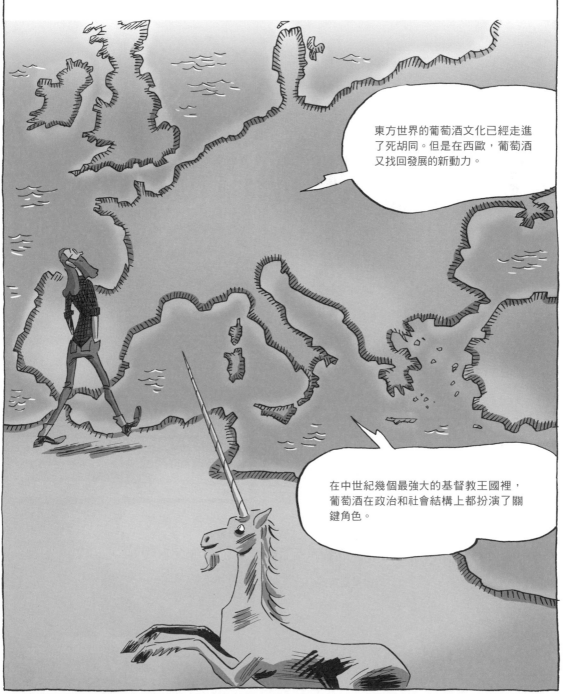

東方世界的葡萄酒文化已經走進了死胡同。但是在西歐，葡萄酒又找回發展的新動力。

在中世紀幾個最強大的基督教王國裡，葡萄酒在政治和社會結構上都扮演了關鍵角色。

新的故事始於一座森林深處，位於索恩河谷，在伯恩（Beaune）北邊的熙篤修道院（abbaye de Cîteaux）。這一年是1115年，一位年輕的修道士被委以重任，創建新的修道院，也注定了他一生不凡的命運。

我們到這兒還不到三年，兄弟已經超過六十人了。伯爾納鐸，你帶領一組人，再新建一座修道院吧。

那我們就十二人離開，象徵十二門徒。

未來的聖伯爾納鐸（Saint Bernard），向同修提出榜樣式的戒規。

這身白色粗呢僧侶長袍，象徵我們修會的純潔。

這一點肯定沒錯，如果沾上酒漬會很明顯……

熙篤會的宗旨，即在反對本篤會在飲食上的放縱與毫無顧忌。創立僅十二年後，熙篤會已經口碑載道，連教宗加里多二世離世前都留下一個驚人的遺言。

他說什麼？別那麼早帶我走？

是「把我的心葬於熙篤」。

1153年格萊福的伯爾納鐸去世時，西歐已經建立四百座熙篤修道院。熙篤會修士的日常主要活動之一，就是種植葡萄。在修會創建當年，他們獲得了第一塊土地，這塊地後來變得十分有名。

摩爾梭（Meursault）葡萄酒⋯聽起來不怎麼樣。

誰說的，走著瞧吧。好好工作！

在夏布利（Chablis），僧侶們可能最早栽種了夏多內（Chardonnay）葡萄品種。

葉子也是！

這串葡萄多漂亮！

整個十二世紀期間，熙篤會透過受贈和贖回，擁有了黃金丘（Côte-d'Or）整個地區，未來所有聲名顯赫的葡萄園都在其中。對他們來說，這些土地是上帝的恩賜，由他們來加以發揚光大。

好好工作！

阿門。

菲克桑 Fixin

香波 Chambolle

沃恩 Vosne

努伊 Nuits

高登 Corton

伯恩 Beaune

沃爾奈 Volnay

摩爾梭 Meursault

在上帝的關照下，成千上萬、細心專注的僧侶，在無形間成就了一項了不起的發明：精密栽培法，也是我們今天認識的葡萄栽種法。

研究最好的根部發育。

嘗試最佳枝幹修剪法。

篩選最優質的品種。

分區塊分別釀製。

對比品嚐。

很令人吃驚吧？

這段時期也誕生了一樣東西，日後在全世界皆被視為財富的⋯⋯

「地」，或者我們更常說的「莊園」（clos），它是一塊被明確劃定的土地。第一塊被圍起來的土地誕生於1330年，用石堆劃定界域，至今依舊聞名於世：梧玖莊園（clos de Vougeot）。

石砌圍牆，有助於維持溫度。

成行的葡萄園根據日照條件排列，清除了石塊。

同一塊土地上只種植單一葡萄品種。

對僧侶來說，一個莊園就是一個絕妙的露天實驗室。

我們要怎麼進去？

我們不進去。

熙篤會的奇蹟並非只在勃根地開花結果。在萊茵蘭，埃貝爾巴赫修道院儼然成為當時最大的葡萄園企業*。

這是我們的「史坦伯格」（Steinberg），也就是你們口中的莊園。

嗯……地質是石灰岩還是片岩？

這裡或許就是一款葡萄酒的發源地，在日後享譽國際的…

在我們的山坡，白酒比紅酒的品質更好。

…麗絲玲白酒（Riesling）！

日耳曼不管是人或酒都比較酸！

* 詳見P.320註釋。

埃貝爾巴赫所有的東西都是特大號的。酒窖裡的巨型壓榨機,功能十分先進。

唯一要注意的是別轉錯方向了!

埃貝爾巴赫僧侶還製作了中世紀最大的貯酒桶,可裝入相當於今日的十萬瓶酒!

到末日來臨前都夠裝了!

修道院甚至還有自己的河道運輸「船隊」。

朝科隆前進!

Reicharthausen

葡萄酒文化自此開始在西部德國人的生活習慣裡生根。

我們這裡不怕喝不到葡萄酒。

相形之下,伯恩丘極為不同,紅酒在那裡成為一項政治武器。

F6

一位強大的統治者，勃根地公爵「莽者」菲利普二世，非常清楚轄下勃根地名莊園擁有的真正實力。

大德園 clos de Tart
沙比德園 clos du Chapitre
貝茲園 clos de Bèze
聖德尼園 clos Saint-Denis
聖瓊園 clos Saint-Jean
皮歐園 clos Prieur
修士背斜谷 clos aux Moines
梧玖園 clos de Vougeot

嘿，神父，我看你們的生意做得挺不錯的。

歐洲各大宮廷都搶著要你們的酒。

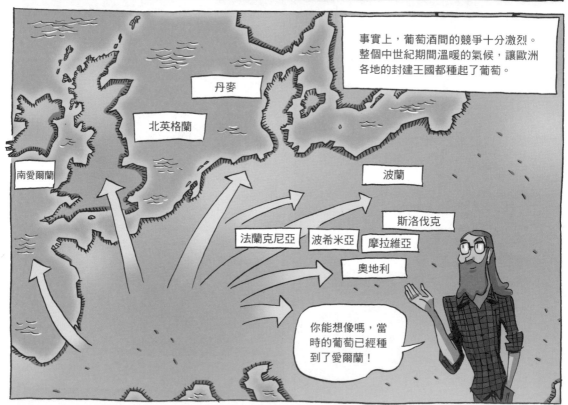

事實上，葡萄酒間的競爭十分激烈。整個中世紀期間溫暖的氣候，讓歐洲各地的封建王國都種起了葡萄。

丹麥

北英格蘭

南愛爾蘭

波蘭

斯洛伐克

法蘭克尼亞　波希米亞　摩拉維亞

奧地利

你能想像嗎，當時的葡萄已經種到了愛爾蘭！

142

菲利普二世是一位非常有野心的統治者，他透過和法蘭德斯的瑪格麗特聯姻，讓勃根地變成了西歐最強大的公國之一。

布魯日也到手了，這是歐洲最繁華的港口。

運氣好的話，他說不定能繼承到法蘭西王位。

菲利普深知熙篤會的葡萄園能幫助他鞏固實力。

總管！下次與教皇使節團會面時，只奉上白酒，我們珍貴的伯恩紅酒不要拿出來。

以後每次都這樣做！

遵命。

他的策略是要製造稀有產品，以便哄抬商品價值。

伯恩的美酒一點都不剩了嗎？

哎呀，大人，從聖誕節就開始缺貨啦，全歐洲都搶著要呢…

公爵也非常捨得在農業研究上下功夫。他曾做出一個決定，一舉改變了當地歷史。

大人，這是我們伯恩的新品種紅葡萄「諾瓦乙恩」*，果子結的更密實，像松果一樣。用它釀的酒，酒質細膩，香氣十分迷人。

跟我們樹林裡的加美葡萄（Gamay）很不一樣。加美的確產量豐富，但就是一個平淡可口的酒。

嗯…要不叫它「皮諾」**？聽起來是不是更有身價？不過，加美葡萄樹就都得砍掉了。

* 勃根地的原生葡萄品種。
** 當然就是後來的「黑皮諾」（pinot noir）。

143

1395年，菲利普二世正式下令清除勃根地境內所有的加美葡萄，以獨厚未來的黑皮諾！

「加美葡萄是邪惡、不忠誠的植物，其本性對人性甚為有害*。」

為什麼？這樣才能集中生產優秀的皮諾葡萄嘛，進一步抬高價格，嘿！

很好！復活節之前要全部拔除乾淨。

我還禁止使用動物糞便作為肥料，要做就要現代化**！

* 按原文所改寫。

** 本人原話。

菲利普二世在位期間，一直受到亞維儂教皇的支持與庇護，貫徹伯恩紅酒禁止出口到羅馬的政策，違者祭出逐出教會的處分！亞維儂教皇也在南部開墾自己的葡萄產區「教皇新堡」（Châteauneuf-du-Pape）。

這裡，位置非常好！

在這些卵石上？好的，但會需要人工灌溉。

同一時期，在法蘭西王國的另一側，另一個被人遺忘的競爭者正摩拳擦掌蓄勢待發，一位精明能幹、令人不敢小覷的女人：阿奎丹的艾莉諾（Aliénor d'Aquitaine）。

在Google輸入我的名字，可查到30萬個詞條！

而且，我長得很標緻，還活到82歲。

這位競爭者就是波爾多葡萄酒，加上所有西南地區的葡萄園。聰明又思慮周密的艾莉諾，將波爾多推上了貿易第一線。

我自己的領地，比我的法蘭西和英格蘭王后身分更重要。

布列塔尼公國

法蘭西王國

阿奎丹公國

卡斯提爾王國

艾莉諾一生多彩多姿，我們就略過不表。且說她的一個兒子、日後成為英格蘭國王的獅心王理查，他將波爾多酒指定為宮廷御用葡萄酒，牽動了一切改變。

理查！腳不要放在桌上！

啊！這酒太順口了，媽媽，這是你的領地出產的，對吧？

喝了讓我忍不住想要大吼幾聲，嘿！

這當然不是一件信手拈來的易事。英格蘭本地也有產酒，甚至能列舉出五十多個產區。

蘇格蘭

英格蘭王國

這是宮廷事務的大改革欸，嗝！

伊利

威爾斯

西敏

溫莎

坎特伯里

博利厄

1155年起，王室的溫莎堡開始生產自己的葡萄酒。不過英國面積最大的產區，是在我的同仁坎特伯里大主教的教區。

大陸上的歐洲人也動起來了，拉羅歇爾成為向英國市場出口葡萄酒的第一大港口。在所有酒中，夏朗德白葡萄酒尤其受人喜愛。

幸好我們把河道挖得夠深，才能讓法蘭德斯的新型柯克船開進來，直接把酒桶載往倫敦。

是啊，要不然我們自己鄉下產的酸葡萄酒還不知道要往哪裡銷呢。

146

接替理查繼承金雀花王朝的「無地王」約翰，他取消了波爾多酒的進口貿易壁壘，讓波爾多酒擁有絕對的優勢。當然，他的出發點是政治考量。

取消波爾多、達克斯、拜雍地區的出口關稅*，這樣加斯科涅人**就能成為我們的同盟，共同對抗法蘭西國王。

但陛下，普瓦圖人會抗議的！

那就把拉羅歇爾也一起免稅吧，這樣就齊了。

* 向倫敦及布里斯托出口葡萄酒時必須繳納的關稅。　** 阿奎丹公國的居民。

因此，在邁入十四世紀初的當下，儘管還有安茹酒與日耳曼酒的競爭，波爾多葡萄酒儼然已成為英格蘭宮廷的第一大貨源，每年進口大約五千萬瓶，提供英格蘭的五百萬居民飲用。

國王萬歲！

我王長命百歲！

喔！他從波爾多訂了一千桶酒！

147

不過，中世紀的波爾多葡萄酒究竟是什麼樣子？讓我們來聽聽加斯科涅酒商菲利普斯的專業解說。

嗨，口渴的朋友們！別擔心聽不懂英文，在我的時代，整個歐洲大陸都說法語。

所謂的波爾多葡萄酒，從十三世紀才開始出現在人們口中。英國人稱它為「澄清紅酒」（claret）。

我們印象中透明的玻璃葡萄酒杯，在我的時代還沒有出現。看看這個顏色：非常淺的紅色，澄澈透亮，和現在的玫瑰紅酒類似，口感清爽，富果香，沒有什麼酒體可言，酒精度不超過8度。

差不多接近薄酒萊酒嘍？

別在那邊亂比！

沒關係。不過，真的跟今天的波爾多酒一點都不像。

製酒過程再簡單不過了：將採收的白葡萄進行壓榨，帶皮發酵，最多24小時。

葡萄汁一上色，就倒入大桶中，完成發酵。這樣的酒就可以送往英格蘭，也會在當年喝掉。

不賴吧？我們加斯科涅商人既是阿奎丹公國的國民，也是英格蘭國王的子民。

加斯科涅葡萄酒商協會

我們的同業公會總部設在倫敦，後來在1344年還獲得皇家特許狀。

嗯，我說完啦。

1453年，英法百年戰爭結束，阿奎丹回歸法國領土，但是波爾多人在日後數個世紀裡始終認同自己的英國子民身分。一則在法國西南部的小故事很能說明這種特殊關係，故事的主角是英軍將領約翰·塔爾博特（John Talbot），他死於卡斯蒂永戰役裡。

國王萬歲！

我說的是英格蘭國王！

他在幹嘛？

他曾發過誓，不對法國武力相向，因此他衝鋒陷陣，卻不帶任何兵器⋯⋯

這就是為什麼波爾多有許多一級產區的莊園都叫作塔波堡（Château Talbot）。

戰爭結束後，生意人很快就重整旗鼓，加斯科涅商人再次獲得對英格蘭的出口許可（日後都是由法王所批准），也進一步出口至全歐洲。屆中世紀末期，波爾多已經成為全歐洲的葡萄酒貿易平台。

打了116年的仗，我們出口到英格蘭的酒比以前少了很多啊！

的確，但我們現在也賣到布魯日、愛丁堡、科隆、漢堡了。

在歐洲的伊比利半島，有另一片葡萄園誕生在安達魯西亞，它的前景也是一片光明。而且，這一大片的葡萄園可是在哥多華穆斯林王國的統治之下。

這個穆斯林王國不同凡響！哥多華體現了中世紀史裡一段絕無僅有的繁榮期，而且是一個和平又寬容的時代。

三大宗教和平共處，葡萄酒也被接納為一門藝術，至少對喜愛葡萄酒的人來說是如此。

你要來點什麼，基督徒兄弟？

莫夕亞葡萄酒，還是阿爾及爾大麻？

我喝茶。

嘿，開玩笑的！

阿拉伯安達魯西亞的上流社會，其宴會文化帶有幾許古希臘會飲*的味道，但仍有一個重要的差別：與會賓客不會再喝得酩酊大醉。

現場的舞姬、女樂師作為視覺饗宴，並為交談助興。

或是按歐洲人的習慣喝純葡萄酒，或是按羅馬人的習慣摻一些水。

侍酒用玻璃酒罐首度出現。

喝酒前，必定先品嚐幾道小點（阿拉伯語稱為naql）。

吹笛手和烏德琴手是宴席上的明星。

葡萄酒多為褐酒、黃酒或紅酒。沒有白葡萄酒。

做成肉凍的禽類冷盤，是當時安達魯西亞廣受歡迎的菜餚。

已有不少的法定產區，包括扎比比（塞維亞），格拉納達，洛爾卡，梅諾卡島，馬拉加，和「修道院酒」（哥多華）。

賓客們愉快地品嚐葡萄酒，這些酒還有精美的酒器盛裝，最重要的是搭配各式佳餚。

此後漫長的收復失地運動（十二到十五世紀），亦不斷增加半島上的葡萄栽植面積。

你們負責為天主種葡萄！我們要去收復下一座城市。

太簡單啦，這裡已經到處都是葡萄園了。

呃呃……

種植新葡萄甚至由國王直接下令。

所有跟修道院承租土地之農民，皆必須種植葡萄樹。天主教國王敕令！

唯土地種植栗樹飼養豬隻者不受此限。

?!

嗯，有栗子香的豬肉，不賴喔！

到了十三世紀，穆斯林統治的土地在西班牙境內只剩下一小塊，葡萄園已經遍布全西班牙。

這位朋友，請問你，格拉納達怎麼走？

?!

西元十四世紀,收復失地運動接近尾聲,伊比利半島也成為一塊巨大的葡萄酒產地。

法蘭西

拉科魯尼亞🍷　聖坦德🍷

聖地牙哥·德孔波斯特拉🍷

畢爾包🍷

托羅

布爾戈斯🍷　里奧哈

比亞納

華拉杜列🍷　阿蘭達

波多🍷

梅迪納德爾坎波
盧埃達　佩納菲耶爾

巴塞隆納🍷

薩拉曼卡🍷

馬德里🍷

阿爾科巴薩

托萊多🍷

瓦倫西亞🍷

里斯本🍷

葡萄牙

洛爾卡

阿佐亞
(塞圖巴爾)

塞維亞🍷

萊佩　格拉納達

著名葡萄產地🍇
消費地🍷

摩洛哥

整個南部地區,例如瓦倫西亞和塞維亞,皆完整保留了摩爾人的釀酒傳統。他們貯酒用的「蒂納哈」(tinaja)*是安達魯西亞版的多利亞酒缸,也被新來的西班牙人繼續沿用。

先生,我請您立即離開這裡。

?!

這些精美的酒缸,當然都留給我們就好。

* 西語之酒甕。

不久，西班牙就出現了在地名酒，至今依然存在。例如「萊佩葡萄酒」，就是雪莉酒（Xérès）的遠親。

「三杯萊佩酒下肚，我已說不清自己是在波爾多、拉羅歇爾、還是躺在自己的床上*。」

基督徒朋友，先知早就警告過我們了嘛……

* 根據英國詩人喬叟的詩行改寫。

位於特茹海岸的港口阿佐亞，葡萄牙人首創了一款甜酒「奧索耶」，很可能就是著名的蜜絲佳甜白酒（Moscatel de Setúbal）的祖先。

我們北部的vinho verde*太酸了不好喝，不過我們還有一種甜葡萄酒，更適合旅人。

* 「青酒」產自葡萄牙北部米尼奧河谷，至今仍有。

在歷史悠久的薩拉曼卡大學裡，菁英們獨愛托羅（Toro）葡萄酒，這種酒至今依然是西班牙酒中丹寧含量最高的。

先生們，我呢，我支持地圓說。我跟你們保證，從里斯本出發一路向西航行，就能抵達印度。

別理他，他中午多喝了幾杯托羅。

中世紀揮別歷史舞台時，葡萄園已經覆蓋了當時世界的大部分區域。葡萄酒史再度走向新紀元：一個全球化貿易以及科技發展的時代。

一項發明將會改變世界的面貌：酒瓶！

# 第 8 章
# 偉大的發現

新的一章裡，我們來到歐洲北部，更準確地說，是十七世紀兩個最強大的國家：英格蘭王國以及尼德蘭七省共和國。

蘇格蘭

愛爾蘭

英格蘭

尼德蘭共和國

1642年伊始，英格蘭王國西部的一位傳奇人物，肯奈姆・迪格比爵士*，實驗出一種新的燒玻璃窯。他的成就將會為葡萄酒產業帶來革命性的改變。迪格比身兼私掠船船長**、探險家、外交家、科學家，此外，他的貢獻還為自己的國家帶來相當大的技術優勢。

英格蘭王國

格洛斯特

賽文河畔的紐納姆

多加些煤炭！煤炭的燃燒效率比木頭好，爐火的溫度一定要高。

在賽文河畔的紐納姆，迪格比研究出一套熱熔玻璃的方法，可以讓溫度達到非常高。

* 詳見P.320註釋。
** 譯註：私掠船是由政府授權許可的私人武裝戰船，在戰時攻擊敵方商船。

迪格比製作出一款深色玻璃瓶，其重量、堅固度、實用性和成本優勢都超過當時人們所能想到的所有容器。

呃……
不懂。

我把溫度提高後，熱熔玻璃的品質會變得更好，還要注意添加矽石，減少石灰與鉀。聽懂了嗎？

玻璃厚度在3到7毫米之間，瓶身異常堅固，非常適於海上運輸。

這種瓶子在餐桌上立得很穩，瓶底內凹，使用起來非常方便。

此外，深色玻璃還能保護葡萄酒不受陽光直射。

由於葡萄酒的需求量不斷增加，幾十年來，北國的酒商一直在尋求改善葡萄酒運輸條件的方法。

走海運從波爾多到布里斯托，木桶是最理想的，但是，之後呢？

還需要更小的容器，來供應酒館和店舖。

這真是一個大問題，也是老問題了。

過去的歷史裡，葡萄酒一直是用木桶運送，然後分裝入瓷瓶、酒壺、酒杯等各種容器。

在我的年代，萊茵河的居民曾以砂土燒製成酒瓶「貝拉皿」（bellarmine），很難看，他們用這種容器來運送葡萄酒，算是革新的第一步吧。

德國品質。

然而，從羅馬時代結束以來葡萄酒遭遇的根本問題依舊懸而未解：它很容易變質，存放不到第二年。

幫我嚐嚐看。

噗！

沒辦法，畢竟這是上一季的酒。

葡萄酒中含有一種天然菌「醋酸桿菌」，在跟氧氣接觸後，能將葡萄酒轉化為醋。因此在酒瓶發明前，葡萄酒沒有辦法陳放。

懂了嗎？

呃……沒有。

更準確的說，酒瓶的發明，讓人重新發現古希臘羅馬時期失傳的技藝：用密封的雙耳瓶陳年葡萄酒*。

請嚐嚐這款西元前35年、凱撒時代的的葡萄酒！

雖然古代的葡萄酒可以存放很長的時間，但酒中通常摻入了許多香料，跟我們今天熟悉的純葡萄酒還是有一段距離的*。

我們這些北國歐洲人，還是懂得一些長期保存酒桶的竅門的。

* 詳見第2章。

160

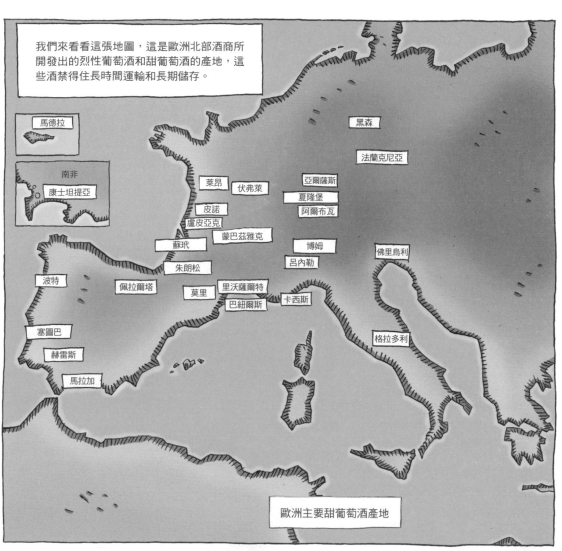

我們來看看這張地圖，這是歐洲北部酒商所開發出的烈性葡萄酒和甜葡萄酒的產地，這些酒禁得住長時間運輸和長期儲存。

馬德拉

黑森

法蘭克尼亞

南非
康士坦提亞

萊昂　伏弗萊　亞爾薩斯
夏隆堡
皮諾　阿爾布瓦
盧皮亞克
蘇玳　蒙巴茲雅克　博姆
呂內勒　佛里烏利
朱朗松
波特　佩拉爾塔　莫里　里沃薩爾特　卡西斯
巴紐爾斯
塞圖巴　格拉多利
赫雷斯
馬拉加

歐洲主要甜葡萄酒產地

烈性葡萄酒（vin muté），像是波特酒，是添加了烈酒的強化葡萄酒，酒精會大大抑制細菌的活性。

ZZZZZZ...

甜葡萄酒（vin moelleux）或甜酒（liquoreux），糖分含量很高。糖和酒精一樣，都能抑制酒轉化為醋。

ZZZZZZ...

其實，在迪格比爵士發明玻璃瓶的同時，葡萄酒保存技術最重要的進步，在當時歐洲最大的港口阿姆斯特丹出現。這個方法也被稱為「荷蘭火柴法」。

你先把新木桶洗得乾乾淨淨的，然後把這條硫磺芯放進桶子裡燒過，消毒木頭。這樣木桶裡的葡萄酒就可以存放很久，不會變酸。

是，大人。

西元十七世紀，稱霸海洋的荷蘭商人建立了海上秩序。1669年實力達到顛峰的尼德蘭七省共和國，擁有16,000艘船艦，反觀路易十四的法國，僅有600艘。

在北部葡萄園，例如萊茵河流域，人們也摸索出一套減少葡萄酒與空氣接觸的方法，這個另類方法利用寒冷的天然環境抑制細菌的活性。

你，用貝拉皿取酒！

然後你，在酒桶中再加入等量的新酒！

葡萄酒越少接觸空氣，就能存放越久。

要是我們沒有新酒了呢？

那就把石塊仔細洗過放進去*。

* 當時的實際做法。

162

從十七世紀末起，全歐洲都開始採用我的革命性酒瓶。

呼……沒完沒了的生產。

但還有一個關鍵問題未解：如何封口。
數百年來，封口的方法都大同小異。來看看這三種方法：

① 長久以來，我們都在酒頸處塞入木塞，木塞外包裹浸過油脂的小塊麻布或亞麻布。這種做法效果一般，因為容器不可以倒放，因此也不利於運輸。長久以來，都是在酒瓶或酒壺頸部插入木栓來密封，木栓用塗有牛油的麻布或亞麻布包裹。此法只在一定程度有效，因為容器不能倒下，運輸不便。

② 第二法：酒瓶中倒入少許油，利用油隔絕空氣，再用一球纏繞很緊的麻線團塞住瓶口。

聰明的辦法，不過，喝酒前要先將油吸出來！

③ 最有效的方法，是在瓶頸塞入玻璃瓶塞，用金剛砂泥黏死，達到完全密封的效果。但也產生了一個大問題：開瓶的時候，經常要將瓶口敲碎。

因此，現代葡萄酒的第二大發明登場。

軟木塞！

軟木（liège）這種天然材料具備優異的性質，連現今的航太工業也加以應用。

它有極佳的使用壽命，可保持完美的密封狀態長達數十年，甚至更久。

軟木的細胞壁裡被鎖住的空氣，使它具備完美的柔韌度，並能重複多次使用。

生產軟木的軟木橡樹，廣泛生長在地中海西部，伊比利半島也將軟木發展成一項當地特產。

英國商人──又再一次地，率先應用軟木塞這種材料，用來密封玻璃藥罐。

這怎麼喝？你的酒還得先過濾哪，真麻煩。

看看我這些瓶子，我從西班牙來的木塞可以把瓶子緊緊封住，你也應該用用它。

過沒多久，人們開始用軟木塞來密封迪格比爵士發明的深色厚玻璃酒瓶。只剩下一個小問題……

有了！用這支「酒瓶螺絲起子」，就能輕鬆開瓶啦。

不用再敲碎酒瓶！這麼一來，也不會浪費掉酒了。

不過「開瓶器」當初究竟是誰發明的，現在已無從得知。

十八世紀初，如我們今天所認得的葡萄酒產業，就此形成了。

親愛的，這批弗隆蒂尼昂美酒是裝在橡木桶裡海運過來的，我們馬上會把酒裝入英式玻璃瓶，塞上木塞，然後出貨給我們的客戶。

親愛的朋友，總有一天，白金漢宮也會找你訂貨的。

同一時期，在遙遠的波斯，設拉子的玻璃工匠也製作出一款酒瓶，提供基督徒商人將瓶裝葡萄酒銷往印度的歐洲貿易據點。

基督徒，我們的鑄造師製作的瓶子，還適合運送你們的飲料嗎？

再適合不過了，很少被打破。等大使準備出發去倫敦，我們就把酒獻給瑪麗・斯圖亞特女王。

荷蘭商人甚至整治了波爾多北部的沼澤地，開墾成一整片葡萄園，出產的紅葡萄酒有別於波爾多澄酒。

我們要釀造更醇厚、顏色更深的葡萄酒，這才是未來的趨勢！

對，像卡奧爾那樣的紅酒，我們要開創自己的葡萄產區。

於是，梅多克（Médoc）問世了。

如果說英國人擁有了不起的技術，他們的競爭對手荷蘭人，則有開拓商機、引領潮流的本事。從十六世紀起，荷蘭人向歐洲人兜售的東西、為人們帶來的快樂，至今仍常伴世人的生活。

## 烈酒

烈酒（aqua vitae）「生命之水」，從蒸餾獲得的酒精飲品，很可能是阿拉伯人的發明。或許是德國人最早將它做成了飲料。烈酒用船隻運送再理想不過了。荷蘭人發明的琴酒，是最早在歐洲出現的烈酒。

## 菸草

直接來自美洲大發現，菸葉最初可被煙燻或咀嚼，隨後歐洲貴族趨之若鶩。運輸上也極其容易。

## 啤酒

一種非常古老的發酵飲料，長久以來味道都是甘甜的。荷蘭商人推廣使用啤酒花，除了讓啤酒變苦，也變得能禁受長程運輸。

## 巧克力

巧克力源自墨西哥，最初是一種添加可可豆及紅辣椒的飲料，西班牙人把它變成甜的，讓巧克力細膩絲滑。巧克力最早出現在十八世紀的安特衛普和倫敦。

## 咖啡

源自衣索比亞。這種飲料最早風靡了阿拉伯，然後被荷蘭人帶往歐洲各大城市。從一開始，法國城市中林立的「咖啡館」（café）就直接採用了飲料的名字，因為它不但便宜親民、也是被喝得最兇的飲料。

## 茶

荷蘭人在荷屬東印度（今日的印尼）學習了中國的茶葉栽培技術，並將茶具與儀式從貿易大港阿姆斯特丹傳入歐洲。茶的身價有別於咖啡，從最初傳入起就是一項奢侈品。

在此環境之下，1666年在倫敦開的這家新店堪稱是大事一椿：近代史上最早的特級葡萄酒誕生了。

洛克大人，您一定得認識這間店，全倫敦都在談論這家加斯科涅人開的店。

嗯，他的酒似乎很有名。

他的莊園叫什麼來著？

歐布里雍（Ho-Bryan），我要來喝喝看。

看，大人，這位必定就是法蘭索瓦-奧古斯特・德・龐塔克（François-Auguste de Pontac），莊園主人的兒子*。

約翰洛克先生，太榮幸了！

哪裡哪裡，全倫敦人都在迷您的歐布里雍呢。

托您的福。有沒有榮幸邀請先生品嚐一下？

您的酒賣多少錢？

7先令一瓶。

這比倫敦最好的酒貴了三、四倍呢！

跟您說一個我們的祕密：我的父親阿諾・德・龐塔克，是第一個用自己名字來行銷葡萄酒的人。

我明白了。

如此一來，所有倫敦的上流人士都想喝由貴族釀的酒。

洛克認識了「有園主的葡萄酒」的概念，和投機的無限可能！

* 詳見P.321註釋。

學者洛克對這個現象十分震驚，幾年後甚至親訪波爾多。阿諾·德·龐塔克的革新技術，讓他留下了深刻印象。

我們從經驗裡發現，乾旱、富含砂礫的土質其實更有利於葡萄生長。採收期來臨時，我不會採收所有葡萄，我有這個本錢，只要最漂亮的葡萄串。

所以您只選好葡萄？

葡萄汁一裝桶進行發酵，我就會加入第二次壓榨的葡萄汁。

如此您的歐布里雍酒色更深、個性更強烈……

第一年陳放過冬的酒桶最好用新木桶。酒一定要陳年兩到三年後，我們才會上市銷售。

用木桶來陳釀葡萄酒，真是新奇的想法！

現代波爾多高級葡萄酒就此誕生了！

十八世紀初，波爾多名莊葡萄酒的現代經濟，就在這個模式之下發展起來。為了做生意，歐洲北部的商人紛紛落腳於舉世聞名的夏特隆區（Chartrons）。

勞頓、巴頓、強士頓。要不了多久，波爾多就只剩下外國商人了！

還有林奇、席謝爾、科瑞斯曼等等。我們全是從英格蘭、愛爾蘭、荷蘭來的。代理商都懂得物色好的莊園酒。

酒商們先把酒買下，繼續放著不急著賣，然後我們再把酒出口回自己的國家。

在葡萄園方面，波爾多園主也竭盡所能擴大種植面積，挑選最好的地理區塊，以滿足越來越多、也越來越挑剔的顧客需求。

快翻！

十八世紀梅多克最早的「高級產區」。

吉倫特河口

卡隆賽居 Calon Ségur

拉菲 Lafite

木桐 Mouton

波亞克

拉圖 Latour

碧尚 Pichon

貝許維爾（龍船）Beychevelle

雄獅 Léoville

布拉伊

波爾多

來看看這張十八世紀上半葉梅多克的新葡萄園地圖。這些位於波亞克村周邊的葡萄莊園，它們的名字在未來都是最頂級的酒莊。

在投身葡萄園產業的貴族先驅中，影響力最大非尼古拉-亞歷山大莫屬，這位賽居（Ségur）侯爵身兼波爾多高等法院主席，當時他擁有拉菲、拉圖、木桐、及卡隆賽居等莊園。

路易十五殿下暱稱我為「葡萄園王子」，所以我才能請財政官\* 直接減免1744年欠收年分的稅額。

?!

\* 圖爾尼侯爵。

那些具有傳奇色彩的法國葡萄酒，背後主人往往都是這些愛酒的貴族。譬如自命不凡的孔蒂（Conti）親王路易-法蘭索瓦·德·波旁，他洞見了勃根地一塊小小葡萄園「羅曼尼」的潛力，於是將其買下，這就是後來的羅曼尼康帝（Romanée-Conti）\*\*。

這片土地緊鄰沃恩村，葡萄酒按照熙篤會的工藝釀造，是名副其實的絕頂上品。要是我能買下它，就只讓它上我的餐桌。

當然，還有國王陛下的餐桌。

那是自然……

別忘了，這一切發展之所以能夠出現，都得益於英國人發明的玻璃瓶，它也是另一項重要發明的起源：氣泡酒。

\*\* 詳見P.321註釋。

這一段歷史又再次跟英國人息息相關，源自於他們對一個法國產地的無盡熱愛：香檳區。

布里斯托
倫敦
盧昂

這批阿伊（Ay）酒要運往倫敦。

跟平常一樣！

到了之後，要給酒商試一下酒。你知道，這次的新酒色澤有點偏澄酒*。

* 稍微著色的「灰」酒色。

十七世紀中期，倫敦與布里斯托的酒商已經採用玻璃瓶來盛裝香檳，也正是這些酒商，發明了香檳的祕密，而這個「香檳法」其實跟香檳人一點關係也沒有。

這個阿伊酒太讚了，雖然有點染色，但還是很夠味。

加一匙甜烈酒，讓它柔順一點，我聽說可以這麼做……

酒塞封口後，放到明年春天，一定會變得更好喝。

六個月後。

這酒在我的舌尖上劈啪跳躍，竟然生出了綿密的氣泡！

白葡萄酒是如何奇蹟般生出滿滿的氣泡？

為了瞭解發生了什麼事，我們來點科學小常識。

1）香檳區葡萄園的溫度很低，在發貨時，葡萄酒還沒有完成發酵（酵母處於休眠狀態）；

2）為了柔和酒本身酸澀的口感，英國酒商在裝瓶前，添加了蔗糖烈酒；

3）糖在整個冬季緩緩發酵，產生氣泡；

4）春天（氣溫升高）酵母甦醒，開始重新作用，酒中生出氣泡（二氧化碳）。

5）開瓶時，香檳酒冒出細緻綿密的氣泡。

這一切之所以能夠實現，全都仰賴堅固的英國玻璃瓶，才不會發生酒瓶爆裂（或極少）。

為了確保整支酒的穩定性，英國人還設計了一套麻繩綑綁方法，牢牢封住瓶口。

這就是酒帽（muselet）的前身，一開始採用錫、黃銅材料，後來發展成今日的鐵製。

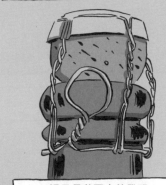

這又是英國人的發明！

博物學家克里斯多弗‧梅雷特可能是最早對「香檳法」進行系統闡述的學者。他在1662年向倫敦皇家學會發表氣泡的原理*。

英國的蘋果酒業者是最早嘗試在法國葡萄酒中加入糖蜜或糖漿的人。他們發現飲料產生了細緻的氣泡，變得更清爽可口。

我還準備了小型品嚐會，請大家在聽完演說後品嚐阿伊白酒，實際加以體驗。

啊啊啊！

* 根據歷史學家湯姆‧史蒂文森（Tom Stevenson）的資料，詳見P.321註釋。

拜一位流放到英國的法國人所賜，氣泡香檳酒成為令人難以抗拒的時尚。

我是夏勒·德馬蓋特·德聖德尼（Charles de Marguetel de Saint-Denis），聖埃弗蒙（Saint-Évremond）領主，軍人，朝臣，諷刺作家，浪蕩子。幸會！

我得罪了那個不可一世的馬薩林*，因此失寵來到倫敦。

* 譯註：Julio Lemondo Massarino，法國政治家、外交家，1642-1661年任樞機主教。

但這些小事都不值一提！查理二世每年給我高達三百鎊的津貼，而且這裡所有人都會說法語，我甚至不用學英語。

聖埃弗蒙把錢都花在進口法國香檳，將香檳引入了英國宮廷。

國王萬歲！

您高興哪個就哪個！

哈哈哈！

哪一個國王？

哇，有泡泡……

我甚至在巴黎成立了山丘騎士團（Ordre des Coteaux）*。在這個組織裡，我們只喝阿伊丘、阿韋內丘、奧維萊爾丘出產的香檳，絕不喝別種酒。

* 騎士團至今仍在。

那麼，家喻戶曉的培里儂神父（Dom Pérignon）是在幹嘛？我們不都說他是香檳之父？

讓我們再次回到法國，來揭開這層神祕的面紗。

當時，香檳區生產的白酒細緻芬芳，不含氣泡。培里儂神父在當地最有名的修道院葡萄園奧維萊爾（Hautvillers）負責釀酒工作。為了避免當地生產的葡萄酒自然起泡，他忙得心力交瘁。

我剛從倫敦回來。那裡的酒商只想推銷氣泡酒，他們把我們送去的高級白酒製成了氣泡酒。

我會把這消息告訴釀酒的兄弟。不過，他一定要一路罵到晚禱了。

這個⋯⋯這個⋯⋯

該死的英國人！主啊，不好意思！

我畢生的志業就是釀造最好的白葡萄酒，祕訣是盡可能取材不同產地的葡萄來釀酒。

簡而言之，就是與勃根地反其道而行。

和根深蒂固的傳說相反，培里儂神父與現代香檳、也就是氣泡香檳的發明毫無關係。

不過，他在釀酒方面的確有巨大貢獻，因為他首創的方法，至今仍然在全世界沿用，也就是「調配」。

調配（assemblage）這門技術，是將不同類型的葡萄以特定比例混合，以追求特定目的。可能是不同的品種，或不同的樹齡、土質等等。

我們還是直接去問問培里儂神父吧。

培里儂神父，我們正在講述葡萄酒的歷史，您的地位我們還沒釐清呢。請問您，身為調配工藝的先驅，可有什麼祕密能與我們分享？

我的祕密，嗯？

首先，優先選用黑皮諾。黑葡萄比白葡萄好，因為比較不會二次發酵。

其他紅葡萄品種也有合適的，例如皮諾莫尼耶。

第二，葡萄要定期修枝，精心修剪，樹高不能超過90公分，這樣做的目的是要維持小的產量。

第三，也是最重要的一點，精心篩選果實。採收時，只挑選完美無瑕的葡萄，而且要小粒的，清除腐爛的果實和不要的枝葉。

第四，要在清晨採摘，才能保有葡萄的新鮮度。白天剛採收的葡萄，要蓋上一層濕布。

第五，在離葡萄園很近的地方壓榨，最好是步行就能抵達的地點；如果不行，也要用溫順的騾子或驢子來搬運，避免用馬。

第六，盡快完成壓榨，要壓榨多次。

意思是？

速度快是為了避免浸皮給葡萄汁染色。我要的是純色的葡萄酒。

準確地說，我們會壓榨四次，第一次的榨汁不是最好的，盡量不保留。第四次榨汁會開始輕微染色，也不好。一位追求完美的釀酒總管會留下第二道跟第三道榨汁，就能釀出絕佳好酒。

最後一點，將不同批次的葡萄酒進行極精確的混合。我因為對幾十塊的葡萄園瞭若指掌，能夠將不同的葡萄汁依照年分加以混合，獲得風格一致的優質葡萄酒。

?!

嗯，這樣就完美了。

我們將葡萄酒裝入玻璃瓶，哎……當然用的是英國人的玻璃瓶。這樣，空氣造成的氧化作用就不會再破壞酒香。大功告成！

修道院出產標上「唐培里儂」的葡萄酒，在十八世紀初名氣之大，比其他香檳區的酒要貴上兩倍。

一直到生涯末期，也許在走訪過法國南部利穆*的葡萄園後，釀酒大師培里儂才接受了氣泡香檳酒。

親愛的慧納神父，為什麼帶我來看這座古老的羅馬採石場？

因為這裡溫度低，全年涼爽，我們把氣泡酒瓶存放在這裡，避免爆裂。

慧納神父（Dom Ruinart）是培里儂神父親近的朋友。他發明了「白堊岩穴儲藏法」，在低溫環境下儲酒，和控制酒瓶內穩定發酵。

* 朗格多克地區的鄉村，當地出現了早期的氣泡香檳釀造法。參閱第290頁起之敘述。

路易十四統治晚期，氣泡香檳成為法國宮廷的流行風尚。到了攝政時期，香檳成為上流社會筵席間縱情恣欲的必備飲料。

阿伊酒的酒力開始發作了。揉掉所有燭台燈火，釋放體內的本性吧。

是，大人。

這段期間，今日名酒莊的前身也相繼誕生。最早的一家，由慧納神父的侄子尼古拉·慧納（Nicolas Ruinart）創立於1729年9月。

我們要擴建葡萄園，增加產量。

各國宮廷現在都爭相購買。

慧納、酩悅以及其他香檳酒先驅業者的眼光十分精準。新穎的氣泡香檳酒，在啟蒙時代受到各國政治階層、知識分子的熱情歡迎。

「我們去用晚餐吧。閃閃發亮的餐具、熱騰騰的燉菜於我即是樂事！廚師是凡間的神！寧芙女神克羅莉絲和美惠女神艾格萊親手為我斟上阿伊酒，氣泡從瓶底湧起，一股衝勁如閃電般將瓶塞迸開，瓶塞彈起，人們歡笑，瓶塞飛到天花板。冰涼的美酒，繽紛四溢的氣泡，輝映著法國晶瑩的形象。」

伏爾泰

「為了抓住歡愉的時刻和每個活潑的衝動，阿伊葡萄酒，這迷人的甘露，讓我們品嚐到諸神珍饌的滋味。」

普魯士國王腓特烈二世

「為了讓國王脫離鬱悶的心情，朝臣們學會了延長用餐時間的方法；1732年起，還讓王喝下許多香檳。一旦黑色憂鬱襲上路易十五，王就變得難以接近，但是一小杯香檳，又讓他恢復快樂、親切、妙語生花。」

路易十五

「香檳，是唯一讓女人喝下後依然能保持美麗優雅的酒。」

香檳在全球的名氣與日俱增，未曾稍歇。

當然，當時嶄露頭角的葡萄酒不只有波爾多、勃根地與香檳而已。

龐巴度侯爵夫人

這個世紀在大革命發生之前，還存在其他風風光光的葡萄酒市場，尤其是甜葡萄酒，格外蓬勃發展。波特酒（porto）就是個好例子，這款出產自葡萄牙杜羅河谷的葡萄酒，最終將被英國人整碗捧去。

這些上游谷地的葡萄酒品質有目共睹，只是要懂得選擇土壤。只能選片岩的，不可是花崗岩的。

哦？具體要怎麼判斷？

在有月光的晚上檢視一塊地，片岩中的石英會反光，花崗岩則是暗的*。

* 引自Hugh Johnson。

和波特酒一樣，馬德拉酒（Madeira）也是加入烈酒，因而延長了保存期限。荷蘭商人以及尤其是英國商人，還發現這種酒在經歷長途海上運輸後，品質會變得更佳。

我們要去印度那麼遠的地方，幹嘛還載運這麼多酒？一到熱帶，酒不都壞掉了？

所以呢？

你是新來的吧？我們在豐沙爾這裡裝上馬德拉酒來壓艙，然後航向孟買，再折回倫敦，一路得花上六個月的時間。

這段旅程越長，馬德拉酒上了倫敦餐桌就變得越甘美，這種酒絕對壞不了。

在托卡伊（位於今日匈牙利），當地的葡萄酒業者生產了一款特別的甜白酒「托卡伊」（Tokaji），銷魂的滋味，令東歐諸列強君主愛不釋手。

我們來談談一個大家都很關切的問題：托卡伊的資源分配。俄國朋友們已經為此成立了供應委員會，我們普魯士應該也要有一份。

各位，你們不能否認托卡伊就位在我們奧匈帝國境內，宮廷有權把自己的需求擺在優先地位。

如果各位均堅持己見，我們會在克里米亞開墾自己的托卡伊酒園。大家走著瞧。

在萊茵河流域和未來整個德國的西部地區，人們開始用麗絲玲葡萄做出可以陳年的酒，許多優質甜白酒因此問世。

這些麗絲玲陳年之後味道肯定更好。我們要怎麼說服國人同胞買回家陳年呢？

也許我們可以推廣一種萊茵河習俗，讓未婚夫給未來的愛妻送幾箱她出生年分的酒？

歐洲各地，遂逐漸發展出各自的傳統。

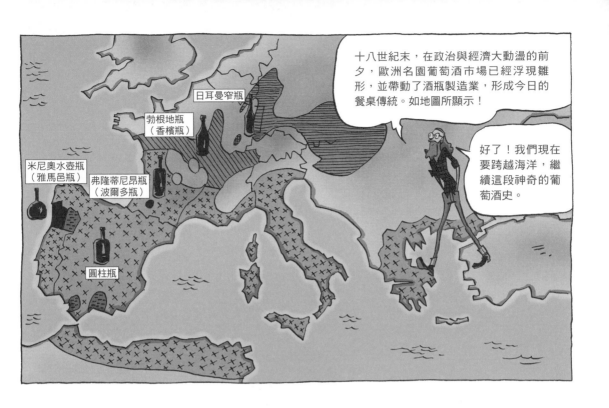

十八世紀末，在政治與經濟大動盪的前夕，歐洲名園葡萄酒市場已經浮現雛形，並帶動了酒瓶製造業，形成今日的餐桌傳統。如地圖所顯示！

好了！我們現在要跨越海洋，繼續這段神奇的葡萄酒史。

日耳曼窄瓶

勃根地瓶
（香檳瓶）

米尼奧水壺瓶
（雅馬邑瓶）

弗隆蒂尼昂瓶
（波爾多瓶）

圓柱瓶

# 第 9 章
# 航向美洲和更遙遠的國度

隨著歐洲人征服新世界，葡萄酒也開始攻佔南半球。

這也是葡萄酒全球化的開端。

關於的新篇章，我們原本很想這麼起頭的：十五世紀末歐洲探險家在發現美洲大陸時，也一併帶去了葡萄幼苗。

告訴他這盆植物可以製作出很棒的飲料，是上主賜給我們的禮物。

好的。

?!

事實是，雖然哥倫布的確隨船帶去了幾株西班牙或法國的葡萄苗，但葡萄樹其實早在美洲以本土形態生長了幾千年。

美洲的葡萄樹稱為vitis labrusca（美洲葡萄）。這種葡萄的藤蔓粗壯，生長相當繁茂，曾經震驚了第一個發現美洲的維京人萊夫·艾瑞克森（Leif Erikson）。

這些葡萄藤蔓生得到處都是，我們把這裡就叫作「葡萄國」（Vinland）吧。

是，首領！

新世界的拓荒者花了三百年的時間試圖改造歐洲葡萄，但全都失敗了。酷暑、龍捲風、刺骨的寒冬以及寄生蟲的侵擾，讓葡萄全都枯萎了。

沒有辦法！這裡的氣候不夠溫和，歐洲的品種全都水土不服。

我們也有用本地的野生葡萄釀過酒，但那股味道實在令人不敢領教。

少了「美國製造」的葡萄酒，這件憾事驅使美國開國元勛湯瑪斯·傑弗遜投入馴化歐洲葡萄的研究。他的研究宗旨完全是基於政治考量。

進口葡萄酒太貴了，也太麻煩，我們的人民不得已只能選擇劣質威士忌。這已經構成了公衛問題。

健康很重要。嗝！

在巴黎出任大使期間，傑弗遜學會了品嚐好酒。他花費多年時間培育法國、義大利、西班牙的植株，卻毫無成果。

1788年的拉菲，真是人間逸品！我們國家正朝向偉大邁進，也應該擁有自己的葡萄酒。

還差得遠咧……

傑弗遜在過世前幾年，決定採用當地葡萄品種來進行試驗。終於，在北卡羅萊納州誕生了「卡托巴」品種，也釀造出第一款百分之百純美洲血統的優質葡萄酒*。

我們成功了？！

我們用本地葡萄培育出一個雜交品種，這樣真的行得通！

* 詳見P.321註釋。

得益於這個發現，美國葡萄酒史上最早的釀酒廠終於得見天日。創建人尼古拉斯·朗沃斯（Nicholas Longworth），是一位辛辛那堤的著名實業家。

即使現在的美國人早就不記得了，但俄亥俄州確實是美國最早栽植葡萄的地方。

我和傑弗遜一樣，深信推廣葡萄酒文化可以解決美國人的酗酒問題，因此，我在俄亥俄河谷遍植了卡托巴葡萄。

而辛辛那堤，則是美國本土最早的「聖愛美濃」。

我在十年間種植了500公頃的葡萄。1842年，我推出美國的第一支「香檳」。

1850年代起，朗沃斯的酒廠開始向歐洲出口葡萄酒，主要銷往倫敦，他的氣泡酒在倫敦和法國香檳同台競爭！

在俄亥俄州、北卡、和麻州等美國東岸地區，葡萄種植欣欣向榮。可惜有新教團體推動的戒酒運動不斷施壓，葡萄酒產業逐漸走向衰頹。

你們要不要去重讀一下傑弗遜和亞當斯怎麼說的？我們的開國元勛就是希望節制烈酒，才要發展美國自己的葡萄酒！

建立美國的是上帝！

你這撒旦的兒子！

在美國另一個地方，葡萄酒才終於有機會蓬勃發展。

全世界的人都叫得出這個地方的名字：加州！

我們是貧窮的修會，我們的葡萄酒味道也很貧乏，只能這樣了，阿們。

加州的葡萄酒發展之所以比東岸慢得多，原因很簡單：長久以來，在這裡種植葡萄、以服務彌撒為目的的方濟會，完全沒有熙篤會長年累積的種植葡萄經驗。

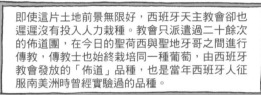

即使這片土地前景無限好，西班牙天主教會卻也遲遲沒有投入人力栽種。教會只派遣過二十餘次的佈道團，在今日的聖荷西與聖地牙哥之間進行傳教，傳教士也始終栽培同一種葡萄，由西班牙教會發放的「佈道」品種，也是當年西班牙人征服南美洲時曾經實驗過的品種。

長老，我們種的一直都是同一種來自西班牙的品種，釀出來的酒實在不怎麼樣。

唉！

佈道種是歐洲葡萄的雜交品種，很難再被馴化。不僅如此，當地的釀酒技術也非常落後。

長老，站在牛皮上踩葡萄！會不會太離譜？

嗯……可能有一大半會漏掉。

事情發展至此，顯然需要有一位先驅、傾全力以改變歷史了。1831年，一位名叫尚路易·維涅* 的法國人移民至洛杉磯，準備開創自己的釀酒廠。他帶來培植的葡萄品種，居然，就來自自己的家鄉，波爾多葡萄！

既然你們的佈道葡萄那麼糟糕，不如就換別的品種，像是卡本內弗朗，或蘇維翁。

?!

我了解這行，因為我叫「葡萄樹」維涅（Vignes），而且我來自波爾多卡迪亞克。

* Jean-Louis Vignes
* 圖中文字：阿里索（赤楊）莊園

哈拉斯迪的第一步驟，便決定在索諾瑪最傾斜的山坡上種植單一品種的佈道葡萄。這些地方無法灌溉，葡萄要存活，只能深深向下紮根。

我們在歐洲也是這麼做的，山坡地的葡萄釀出的酒最好，自古\*便是如此。

\* 詳見第2章及第3章。

接下來，他開始扦插歐洲的葡萄植株，尤其是著名的金粉黛（Zinfandel），當然這是舊世界的品種，卻能完美適應加州的生長環境。

太不可思議了，這個中歐的葡萄品種，在這裡生長得跟在家鄉一樣好。

在他宏偉的布恩那維斯塔莊園所開鑿的酒窖裡，哈拉斯迪培育了數千株葡萄幼苗，在索諾瑪山谷中實驗種植。

有一天，這裡的酒窖會堆滿上好的葡萄酒⋯⋯

1861年，政府甚至派遣他出訪歐洲，帶回包括300個葡萄品種的10萬株扦插枝，成為珍貴的實驗素材。

我愛我的職業！

哈拉斯迪這位先驅的冒險實驗不預期地戛然而止。也許遙遠的南北戰爭紛亂，對青春洋溢的加州也不無影響。當然也很可能他就是一位天生狂人，無法在同一個地方待太久。

我的夢想實現了。現在我覺得真正可期許的未來，是尼加拉瓜蘭姆酒\*。

\* 哈拉斯迪後來走避至尼加拉瓜。

另一片較晚崛起的葡萄園，也吸引了不少先驅者從索諾瑪過來：納帕谷地。它在1840年被人發現，到1861年內戰爆發時，已經有三十多間釀酒廠坐落於此。

多麼開闊的地方！親愛的，我們終於有地方種葡萄了。

也要幫我們在草原上蓋一間小屋喔。

從1850年起，有一整代的德國移民前來納帕谷地。他們之中最有名的，另一位「美國葡萄之父」普魯士人查爾斯·庫克（Charles Krug）。

Ich bin ein Kalifornischer！（我是加州人）

在納帕谷，一切都按德國方式做事。庫克過去曾跟在哈拉斯迪身邊學習，現在他也親自栽培新一代釀酒師，諸如卡爾·灣堤，查爾斯·韋特莫爾，以及雅各·貝林格*。

卡爾，你看，葡萄品種要盡量多樣化，然後選取適應力最好的品種，例如用卡本內而不用佈道種，用馬爾貝克不用馬爾維西亞。

我們還有麗絲玲、榭蜜雍。每塊地都有自己適合的品種。

* 他們創立的公司至今都還在：灣堤酒莊，克萊斯塔布蘭卡酒莊，貝林格酒莊。

1868年，鐵路聯通了美國東西部，加州也一併被拉入全球化的行動陣營。加州葡萄酒開始銷往美東，打開了歐洲通路。

這是什麼？

加州葡萄酒，舊金山來的。

好的，所以要發往歐洲。港口往這邊去。

但全球化也帶來了貿易戰，各種不入流的手段紛紛出籠。

西部拓荒接近尾聲之際，各種相關詐騙、假貨的控訴已經充斥於東西兩岸！

加州人竟然把歐洲酒標貼在自己的劣質酒上！

波士頓酒商毫無忌憚把俄亥俄難喝的酸酒換成波爾多酒標。

我看到你們的酒單上有加州酒。你不知道他們為了掩飾味道有添加一點烈酒嗎？

你們有在賣德國酒，但會不會是俄亥俄的劣酒冒充的？

從這場世紀末的對決脫穎而出的勝者，就是納帕谷。他們是怎麼做到的呢？憑著摘取加州六成獎項的實力。

很明顯，納帕谷的加州酒已經造成轟動。納帕就是美國未來的梅多克。

一個沒有城堡、但有仙人掌的梅多克！

新世界葡萄酒，已經是各地人們談論的話題。

美國作為葡萄酒的生產國，其成長過程裡也經歷過多次受阻。首先是南北戰爭的蹂躪，國家經濟遭受重創。

你在幹嘛？還不去前線！

這是我們最後一桶酒了……

喝完再上。

接著加州酒的需求量下跌，由於歐洲酒回歸市場。

同樣的價格能喝到波爾多，幹嘛喝加州酒？

一點也沒錯。

不過，影響最深遠的還是美國的禁酒運動，大大削弱了美國葡萄酒經濟長達數十年。1855年起，十餘個州實行「戒斷」政策，全面禁止酒類。1920年10月28日，全國禁酒法案頒布，美國全面禁酒。

這些酒該怎麼辦才好？我們完蛋啦！

也許可以賣去墨西哥或南美洲？

在拉丁美洲，擺脫殖民統治的新興國家早已開始種植葡萄，葡萄品種多半來自歐洲，伴隨西班牙、葡萄牙、法國、義大利、德國不同的移民潮所帶來的。

墨西哥：16世紀，卡本內蘇維翁（波爾多）

巴西：19世紀，梅洛（波爾多）

阿根廷：16世紀，馬爾貝克（卡奧爾）

烏拉圭：19世紀，塔那（馬迪蘭）

智利：16世紀，卡門內爾（波爾多）

注意！十九世紀末還沒有人在談論新世界。此時喝葡萄酒的人口還很少，沒有出口，也沒有商業品牌，這些都要到二十世紀後半才會出現。

墨西哥

智利

烏拉圭

193

南非的情形也一樣。荷蘭殖民者建立的康斯坦提亞產區無疑是一塊瑰寶，逐漸揚名海外，可惜同樣在世紀末荒廢了。

皇帝陛下叫英國人按月提供的這款葡萄酒，的確不枉您的輝煌傳奇。

我們在楓丹白露已經喝過克萊坦亞莊園（Klein Constantia）了。

它比香貝丹酒（Chambertin）還要好。

才怪！只因為開普敦離聖赫勒拿島最近而已！哪有什麼特別的理由……

未來的紐西蘭名酒，此時尚不存在。第一位前往這個遙遠島嶼擔任主教的尚巴蒂斯·龐帕里爾（Jean-Baptiste Pompallier），為開墾投入的氣力，必須等到二十世紀才會開花結果。

不論如何，從當地信徒人數來看，不會需要太多葡萄酒……

在日本，葡萄酒釀酒到了明治時期才開始，也就是1870年之後。一位外交官見證了當時的情況*。

直到1875年，在甲府這個地方，才有人首度嘗試釀酒。由於不了解完整的步驟，葡萄也不夠成熟，最終以失敗收場。

* 引述自Jean-Robert Pitte, op. cit.

同一時期，在地球的另一端，唯一可以和加州葡萄酒分庭抗禮的葡萄園來自澳洲，一個流放英國囚犯的苦役地，從十八世紀起逐漸形成的國家！

我們就從神對於世間土地的授意開始吧：栽種葡萄！

麥卡瑟指揮官，倫敦又發給我們一船罪犯。船上除了苦役犯還有羊群，我們就靠他們來開墾這個國家了！

約翰·麥卡瑟（John Macarthur）說到做到！身為部隊指揮官，他成為第一位影響深遠的葡萄開墾者，也是新大陸第一個擁有羊群的人。此外還以過人的決鬥技巧聞名於世。

我的葡萄園漂亮吧？嘿，吃我一劍！

在澳洲建立之初，他就證明了這個國家完全可以像歐洲一樣生產葡萄酒。

沒錯，親愛的，我有兩萬五千公頃土地，我生產的葡萄酒可以填滿六個波爾多的大貯酒槽。

哇，麥卡瑟先生！

後來一整代的拓荒者，都以他為榜樣。

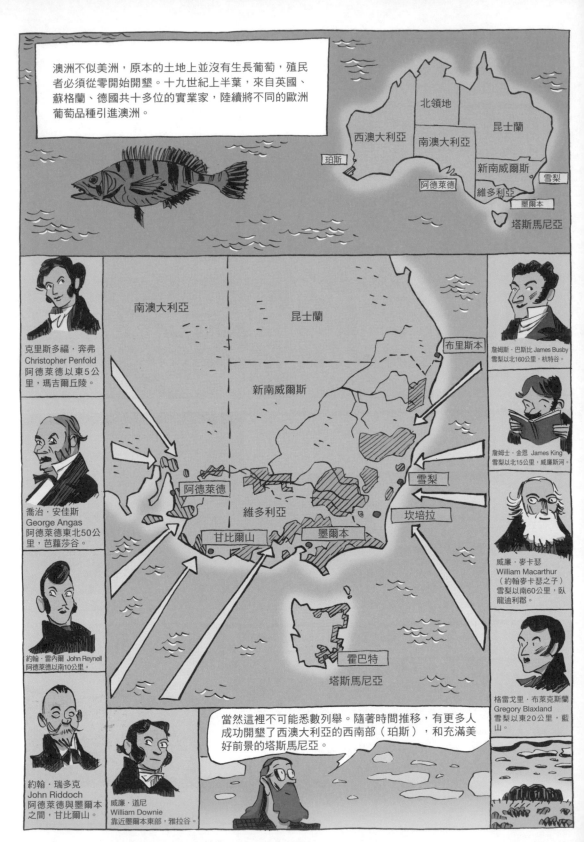

澳洲不似美洲，原本的土地上並沒有生長葡萄，殖民者必須從零開始開墾。十九世紀上半葉，來自英國、蘇格蘭、德國共十多位的實業家，陸續將不同的歐洲葡萄品種引進澳洲。

北領地

西澳大利亞

南澳大利亞

昆士蘭

珀斯

新南威爾斯

雪梨

阿德萊德

維多利亞

墨爾本

塔斯馬尼亞

南澳大利亞

昆士蘭

新南威爾斯

布里斯本

阿德萊德

維多利亞

甘比爾山

墨爾本

雪梨

坎培拉

霍巴特

塔斯馬尼亞

克里斯多福·奔弗
Christopher Penfold
阿德萊德以東5公里，瑪吉爾丘陵。

喬治·安佳斯
George Angas
阿德萊德東北50公里，芭蘿莎谷。

約翰·雷內爾 John Reynell
阿德萊德以南10公里。

約翰·瑞多克
John Riddoch
阿德萊德與墨爾本之間，甘比爾山。

威廉·道尼
William Downie
靠近墨爾本東部，雅拉谷。

當然這裡不可能悉數列舉。隨著時間推移，有更多人成功開墾了西澳大利亞的西南部（珀斯），和充滿美好前景的塔斯馬尼亞。

詹姆斯·巴斯比 James Busby
雪梨以北160公里，杭特谷。

詹姆士·金恩 James King
雪梨以北15公里，威廉斯河。

威廉·麥卡瑟
William Macarthur
（約翰麥卡瑟之子）
雪梨以南60公里，臥龍迪利郡。

格雷戈·布萊克斯蘭
Gregory Blaxland
雪梨以東20公里，藍山。

196

沒多久，早期的澳洲葡萄酒就已驚豔世人，也在歐洲獲獎。一位蘇格蘭年輕人詹姆士・巴斯比功不可沒，這個人稱得上是澳洲版的哈拉斯迪*。

看！杭特谷整個下午都被海洋霧氣所籠罩，我們應該在這裡種葡萄，果實就不會被這裡的烈日灼傷了。

的確。

* 參閱P.188起的內容。

除了尋找有利的微氣候條件，巴斯比也懂得開始對歐洲葡萄進行試驗，以篩選最適應環境的品種。

我得親自去一趟英國、法國、西班牙還有開普敦，才能把樹苗和別人的釀酒經驗帶回來。

他跟傑弗遜一樣，支持透過發展葡萄酒產業來對治酗酒。

一旦葡萄酒的風氣普及，就能杜絕新威爾斯泛濫的蘭姆酒了。

再來一杯嗎？

在他努力之下，十九世紀中期，澳洲最好的產地酒已經出現在歐洲貴族的餐桌上。

什麼？這不是十八世紀的馬德拉酒？

不，公爵閣下，這是澳洲杭特谷的酒。

無所不能的主啊……

# 第 10 章

# 神聖的風土

我們的故事即將進入二十世紀。在這個時期，葡萄酒呈現出今日的面貌，這種好滋味的飲料風味多元，並且有明確的產地。

這個主要的改變是從法國開始發生的，得益於一項關鍵發明：「原產地命名」制度（appellation d'origine）。

從「美好年代」時期到第一次世界大戰，葡萄酒成為一種庶民、便宜的飲料。與葡萄酒相關的俚語與飲酒歌，在這段期間如雨後春筍般出現。

你能想像嗎，當時的法國人每人每年平均喝下120公升葡萄酒！

不錯，這杯皮娜（Pinard）！

我喝過最好的呷呷（Jaja）。

「圓桌武士們！嚐嚐這酒可好！嚐嚐看，好、好、好！嚐嚐看，不、不、不……」

好、好、好！

再來一杯凡娜斯（Vinasse）。

嘿！這是第六杯卡濃（Canon）啦……

　根瘤蚜蟲害*之後，法國重建了葡萄園。面積更大，產量規模空前，不幸的卻是以品質為代價。

怎樣才能走出這整片的葡萄叢林？

建議您繼續往北走，等到看不見葡萄園時，巴黎就到了！

* 根瘤蚜蟲在1870到1900年間肆虐了歐洲的葡萄園。

當時，把較濃的酒倒入味道平淡的酒裡的「改善」做法十分普遍，稱為「埃米塔日法」（Hermitager）。

後面那些阿爾及利亞酒桶看到了嗎？你倒三分之一的分量到波爾多酒桶裡，喝不出來的……

不可思議的，還有化學家已有辦法以工業原料人工製造出葡萄酒。

親愛的，晚餐想喝什麼？我來準備。波爾多還是勃根地？

?!

這種情況導致了一場嚴重的生產過剩危機，直接威脅到兩百萬名靠著葡萄酒產業維持生計的法國人。

你知道嗎，1880年我剛投入這行，一百公升葡萄酒值30法郎，到現在1905年，只剩下10法郎！

已經低於成本了，成本要15法郎，我知道。

1831年後，阿爾及利亞併入法國，平添了一座超大型的蓄酒池，在葡萄酒市場裡泛濫成災。

你說我的酒被加到朗格多克酒、加到貝濟耶酒，還加到波爾多酒裡？

正是如此。

所以我也做了波爾多酒囉！

1907年5月，大約五十萬名酒農聚集在那邦尼街頭示威，呼籲限制阿爾及利亞酒進口。總理喬治·克里蒙梭（Georges Clemenceau）派出軍隊向民眾開槍。

政客下台！

槍斃走私客！

全員，瞄準！

同一時間最早的美食作家和高級餐廳，早已默默耕耘數十年，為提升飲食模式貢獻心力。整個社會期待喝到品質更好的葡萄酒。

布里亞-薩瓦蘭（Brillat-Savarin，作家，18–19世紀）：
「我這道用山鷸與松露填餡的山雞，需要一瓶上勃根地*來搭配。」

庫農斯基（Curnonsky，評論家，20世紀）：
「何謂佳餚，何謂美酒，不過就是體驗到食物原本的滋味罷了。」

柯萊特（Colette，小說家，20世紀）：
「水，可以解渴；酒，按其品質或風土，或是一帖必要的振奮劑，或是一回奢侈的享受、佳餚之光。」

安德烈‧西蒙（André Simon，酒商，20世紀）：「美好生活的藝術，就在好好享用健康的菜餚，喝誠實的好酒。」

這些人物和其他更多人都證明了，葡萄酒是一種優雅的飲料、一種與眾不同的飲料。現在是一個美食與美酒相得益張的時候，一個美食奇蹟的時代。

奧古斯特‧埃斯科菲耶（Auguste Escoffier，餐館經營者，19–20世紀）：
「一頓美饌，一杯美酒，這就是幸福的泉源。」

* 即黃金丘勃根地酒（J.-R. Pitte）。

在這樣的時空背景下，「風土」（terroir）的概念出現了，重要性不言而喻。「風土」指的是葡萄酒與一塊土地的連繫，土地賦予它富有個性的滋味。風土取決於下列多種因素。

土壤性質

葡萄品種

氣候與環境

釀酒工藝

具有風土特色的葡萄酒，綜合了幾個方面的特點：葡萄的品質，釀酒師的經驗，氣候條件，水資源條件等等。

問題是，最重要的是什麼？

哪些東西造就出一瓶葡萄酒？

偉大的地理學家羅傑‧狄翁提出的見解頗受人討論。

總之，是一張高級的羊皮紙！

這一爭論持續了將近一個世紀。不如我們來瞧瞧立法者怎麼看。

我的朋友！風土就像一張新的羊皮紙，釀酒人在紙上譜出自己的曲子。

「原產地命名」概念的提出者，正是吉倫特省的國會議員約瑟夫·卡普斯（Joseph Capus）。1920年代中期，卡普斯擔任農業部長，提出了第一部嚴格規範葡萄種植區域的法案。

各位委員，你們要明白，我了解這些酒農，在我的行政區，他們都是用諾亞葡萄*來釀造波亞克酒的。

* 法國葡萄與美國葡萄的雜交種，低品質但產量高，後於1935年被禁。

卡普斯的提案，與四百年前勃根地公爵菲利普二世頒布的法令用字完全相同，絕非湊巧。

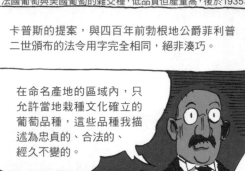

在命名產地的區域內，只允許當地栽種文化確立的葡萄品種，這些品種我描述為忠貞的、合法的、經久不變的。

各地的葡萄酒生產真的有必要規範到這個程度嗎？

委員，您知道我們的「夏布利」甚至到突厥斯坦的撒馬爾罕也有人在栽種嗎！

另一位未來的「AOC」之父，是著名的教皇新堡產區的重量級酒農皮耶·勒華·德·布瓦索馬列（Pierre Le Roy de Boiseaumarié）。

如果沒有祖先傳承下來的知識經驗，風土本身就算不上什麼。這些經驗包括了剪枝、釀造工藝、熟度控制以及葡萄品種的調配。

那麼，您主張在教皇新堡該有多少種葡萄呢？

在我們這裡，可多達13種，這是非常精妙的組合！

1935年7月31日，法國政府頒布新法令，成立常設單位「國家原產地命名委員會」，也就是後來的INAO*。第一任主委便由卡普斯擔任。

本會的角色十分關鍵。原產地命名機制不僅保障某個產區酒的獨特風味、它與風土的連結，也保護它的名字不被其他人使用。

以後就沒有加州香檳了！

突厥斯坦的夏布利也一樣！

* 國家原產地與品質管理局。

1936年5月15日，六個最早被列舉、接受原產地命名控制（AOC）的產區在委員會登記註冊。此後即將有越來越多的產區加入。

到了1936年底，波爾多地區已經有25個AOC產區，勃根地也有22個。

1947年在我升任主委時，法國已經有一百多個AOC產區，全都是最好的風土。

ARBOIS

COGNAC

CHÂTEAUNEUF-DU-PAPE

TAVEL

MONBAZILLAC

CASSIS

許多自發性的創舉也呼應了風土觀念的影響力。波亞克木桐堡的繼承人菲利普·德·羅斯柴爾德（Philippe de Rothschild），決定實行「酒莊裝瓶」政策，在1920年代的時空背景下，這個想法完全是革命性的。

從此以後，這裡生產的葡萄要百分之百在酒莊裡裝瓶。

至少就不會再有假酒的問題了。

這位年輕男爵的腦袋裡一向不缺點子。

如果我邀請名藝術家來畫酒標，我的酒一定會在世界上獨一無二！

這也是「品酒團體」崛起的時代。雖然它們看起來很古老，但其實全都成立於二十世紀。拔得頭籌的團體是卡密爾·羅迪耶（Camille Rodier）和喬治·費弗萊（Georges Faiveley）創辦的「試酒碟騎士會」（Chevaliers du Tastevin）。

領子再鼓一點，我們看起來要像正經八百的中世紀法官！

嘿嘿！

我們的年會「摩爾梭拋累宴」（la Paulée de Meursault）已經舉辦十年了，加上年度傳統的伯恩濟貧院拍賣會，這三天*全世界的目光都聚集在我們身上。

我們就叫它「光榮三日」吧！

* 勃根地十一月的最後一個週末。

巴黎1933年，勒華·德·布瓦索馬列、評論家庫農斯基、記者雷蒙·博杜昂（Raymond Baudoin）共同創立了非常有影響力的「法蘭西葡萄酒學會」。

我們的誓言：保護法國的葡萄酒，捍衛它的名聲，推廣至全世界。

從1927年，同一位博杜昂創辦了世界第一份品酒報：《法蘭西葡萄酒評論》*。

* 2018年仍然在書報亭販售。

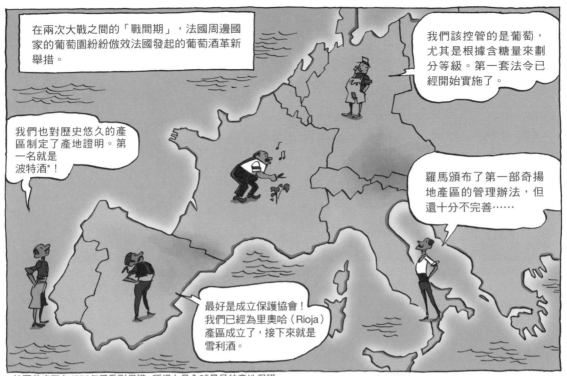

在兩次大戰之間的「戰間期」，法國周邊國家的葡萄園紛紛做效法國發起的葡萄酒革新舉措。

我們該控管的是葡萄，尤其是根據含糖量來劃分等級。第一套法令已經開始實施了。

我們也對歷史悠久的產區制定了產地證明。第一名就是波特酒*！

羅馬頒布了第一部奇揚地產區的管理辦法，但還十分不完善⋯⋯

最好是成立保護協會！我們已經為里奧哈（Rioja）產區成立了，接下來就是雪利酒。

\* 杜羅谷產區在1756年已受到保護，稱得上是全球最早的產地保護。

以法國為例，要建立一套原產地名稱認證系統，數十年的功夫絕對跑不掉，如此才能打穩基礎。義大利遭遇的情況大概是最複雜的。

我們佛羅倫斯和西恩納的奇揚地酒農，我們要成立自己的經典奇揚地（Chianti Classico）葡萄酒協會！

好啊，既然這樣，我們皮斯托亞的奇揚地酒農也要成立自己的協會！

雖然不可避免要經歷一段辛苦的摸索，原本一個產葡萄的歐洲，終於轉變成擁有各地風土的歐洲，成為國際上第一個美食協會研究的對象。這個協會，是由安德列・西蒙在倫敦成立的「葡萄酒與食品協會」*。

我們的一項重要任務，就是在葡萄收穫季節組團出訪歐洲最美妙的產區，親眼見證葡萄酒的誕生！

在大西洋的另一端，一場類似的革命正在醞釀中，此時的美國才剛剛擺脫可怕的禁酒令。

\* 學會目前有6500名會員，在全世界擁有150家分會。

這回的葡萄酒復興，是由俄羅斯移民安德烈・切里奇切夫（André Tchelistcheff）所起的頭。他在法國學會了必要技能，然後又被法國酒農喬治・德・拉圖（Georges de Latour）邀請來為納帕谷的柏里歐（Beaulieu）莊園效力。

親愛的安德烈，歡迎來到加州！

哎呀，喬治，這裡還是大西部啊！

哈哈哈！來吧，一起去柏里歐莊園看看。我們總算熬過了禁酒令。

一道禁酒令，竟成為美國民主史上的黑暗時期！禁止任何酒類生產與消費，導致走私活動史無前例的猖獗，美國消費者甚至走到必須自己釀酒的地步，正規葡萄酒廠悉數破產。

不好意思，請問您知道這附近有可能找到一點紅酒嗎？

哦，藥房是能幫您弄到一點。不過，換作是我的話，嗯，我會在家裡自己釀。

啊，這樣啊，那要用哪種葡萄？

無所謂，就一般吃的葡萄嘍。

切里奇切夫初到柏里歐莊園時，被納帕酒農落伍的技術嚇到了。

這個釀酒槽根本是一鍋熱湯，你們用什麼來降溫？

要是真的溫度太高，我們就在裡面加冰塊。

在切里奇切夫看來，當地的風土完全能釀造個性鮮明的好酒，只需要稍微改進一下方法。

你看看這葡萄串，完全褪色了，你們在上面塗了什麼？

呃，硫磺嘛，塗了很多硫磺！

他心中有宏偉的藍圖：每一塊土地只挑選最好的葡萄品種，這才是最有效的品質保證。

同一塊土地上種了三十種葡萄，實在荒謬！我們只要集中心力在成效最好的品種就好了。

呃，這樣才要什麼有什麼嘛！！

不行，一定得專攻一項。如果是紅酒，就用卡本內蘇維翁和梅洛這些波爾多品種，在我看來適應得最好，然後我們還要在酒標上標明品種！

另外，我從法國訂購了名牌冷卻設備，我們要裝在酒桶上。

幹嘛用的？

要是溫度太高了，發酵就會中止。想釀出好酒，就要掌控發酵，也就是掌握溫度。

你絕對想不到，最早為酒汁進行降溫的是十九世紀末阿爾及利亞酒農的點子，他們借用了啤酒釀酒廠的設備。

加上這個，應該就沒問題了……

一些釀酒廠開始效法切里奇切夫的改革，走上追求品質之路。

尤其值得注意的有索諾瑪谷北部的漢歇爾酒莊（Hanzell），是最早大膽採用黑皮諾和夏多內來釀酒的酒莊。

瑪雅卡瑪斯
聖海倫娜
漢歇爾
柏里歐
鷹哥努克
布宜娜維斯塔
舊金山
馬丁雷
索諾瑪
納帕
聖塔克拉拉
加州

美國正逐漸成為一個葡萄酒大國，而加州的成績尤其優異。隨著歐洲結束大戰，數以萬計的同盟國士兵領略到何謂高品質葡萄酒，這些人將會成為最好的葡萄酒大使！

所以這就是名聞遐邇的香檳？

真的太讚了！

再幫我倒一點酒，親愛的！

傳說真的不假，波爾多的葡萄酒真是棒極了！

在貝希特斯加登，法國第二裝甲師的一個營隊在這個希特勒藏身在阿爾卑斯山的巢穴裡發現了一座巨大酒窖，裡面堆滿了納粹掠奪來的佳釀。一位來自香檳地區的年輕軍官貝爾納·德·諾南庫爾（Bernard de Nonancourt），揭露這個驚人的發現。

嘿，所以呢？

這是1928年的沙龍（Salon）香檳啊！

這是我在香檳區的鄰居出產的酒，德軍在1940年把這些香檳一箱一箱運走時我還親眼目睹了*！

* 五十年後，諾南庫爾成為羅蘭香檳（Laurent-Perrier）的總裁，
並買下沙龍香檳這個傳奇品牌。

諾南庫爾屬於戰後一代的葡萄種植者。這一代人在1950-60年間將自家葡萄酒打造成眾人公認的高級葡萄酒，也創造出至今舉世聞名的葡萄酒品牌。

尼可羅·因西薩·德拉·羅切塔｜托斯卡納
（Nicolò Incisa Della Rocchetta）
他將薩西卡雅（Sassicaia）這款最早的「超級托斯卡納」*發揚光大，這支酒的創辦人是他父親、著名的羅切塔侯爵。

米蓋·多利士｜加泰隆尼亞
（Miguel Torres）
他推動了家族品牌多利士（Torres）的發展，成為歐陸最有實力的品牌之一。他也對加泰隆尼亞的葡萄風土文化進行了革新。

菲利普·德·羅斯柴爾德｜波爾多
（Philippe de Rothschild）
在龐畢度總統的關切下，菲利普·德·羅斯柴爾德的酒莊得以升格為一等特級酒莊。而龐畢度……曾經任職於羅斯柴爾德銀行。

麥克斯·舒伯特｜澳洲
（Max Schubert）
他在奔富酒莊調製出Grange Hermitage酒，經過長時期的橡木桶陳放，打開了澳洲第一款頂級酒的知名度。

羅伯·蒙岱維｜加州
（Robert Mondavi）
他帶動新世界葡萄酒跟隨他的做法，以葡萄品種（梅洛、夏多內等）來進行標示。

伊貢·米勒｜德國
（Egon Müller）
他在自己的夏茲霍夫堡（Scharzhofberg）莊園首創具足經典條件的「逐粒精選乾縮葡萄」（trockenbeerenauslese）貴腐酒。

* 譯註：「超級托斯卡納」是當地酒農不願受奇揚地法定產區的規定束縛，自行選擇品種與釀造方法的葡萄酒。

211

這些名氣響叮噹的品牌，都是現代企業家英勇闖蕩掙得的成果。酒界傳奇「柏圖斯」（Petrus）就是最好的例子。

有聽過它的大名吧？這支波美侯酒的莊園裡沒有城堡，因此我們只說「柏圖斯」，不說「柏圖斯堡」。

戰前，柏圖斯就是一支好酒，但跟其他好酒沒什麼兩樣。愛德蒙德·盧巴（Edmonde Loubat）是利布爾訥一位活躍的旅館老闆，她認為自己可以對柏圖斯做出貢獻。

在波美侯沒有分級制度，因此什麼都有可能。

「盧嫂」賣力把她的酒推銷到波美侯之外。

卡普斯委員*，您覺得我們的波美侯怎麼樣？

親愛的夫人，你們柏圖斯堡很有名呢！

嗯，柏圖斯就可以了。

* 1930年後約瑟夫·卡普斯當選參議會議員。

但是要將柏圖斯打造成暢銷全國、甚至暢銷國際的葡萄酒，還需要一位天才商人。這個人就是尚皮耶·慕艾克斯（Jean-Pierre Moueix），他是藝術收藏名家，也是實至名歸的「利布爾訥教父」。

愛德蒙德，這支酒太討人喜歡了，一定得把它賣去巴黎、倫敦，甚至美國。

而且維琪政府已經把它評定為特等一級莊園**。

更好。這樣一來，連廣告都不用打了。

第一次綻放的火花，是在1947年英國公主伊莉莎白在溫莎古堡舉行婚禮，柏圖斯被選為餐酒，盧嫂甚至受邀參加了晚宴！

您知道我們怎麼做嗎？當某個年分的酒有點薄弱，就是不夠好的年分，嗯？我們就把前面更強有力年分的酒加進來。

意料之中！

跟香檳一樣，哈哈哈！

多年過去之後，釀酒學家在1970年代才發現柏圖斯的眾多祕密之一。他們的首席釀酒師尚克勞德·貝魯埃（Jean-Claude Berrouet）保守了這個祕密四十年。

請看這塊黏土，這片土地上都是這種蒙脫石，是非常稀有的土質，它能保存很多水分，即使遇到乾旱，也能源源不斷地為植株補充水分。

在此之前，這不可思議的波美侯酒，已經有地表名人連番為它打廣告。首先當仁不讓的就是某位甘迺迪先生！

總統，這支法國酒真是名副其實的逸品。

嗯，瑪麗蓮夢露有香奈兒5號陪她睡，我也有柏圖斯陪我！

** 維琪政權在德國佔領者的背書下，制定了「波美侯酒分級表」，但是在開戰後隨即被人遺忘。

這段時期的釀酒工藝發展，同樣是從法國帶動了一波革新。其中一位要角，就是波爾多大學教授埃米爾‧佩諾（Émile Peynaud）。

釀酒工藝的一大基本原則，就是葡萄在到達釀酒廠時必須處在絕佳狀態。

所以呢？

所以要夠成熟才採摘，也要盡量剔除腐爛的果實。

這些釀酒學專家促成了釀酒工藝大步向前邁進。現在我們在地球上喝到的所有葡萄酒，都是他們研究下的成果。

在另一位波爾多酒權威帕斯卡‧黎貝候-蓋雍（Pascal Ribéreau-Gayon）的協助下，佩諾得出了重大發現：「乳酸發酵」。

這種乳酸菌可以促進二次發酵*。

利用這種技術，我們可以降低絕大部分葡萄酒的酸度，增加柔順感，尤其是紅葡萄酒。

這兩位名人也開創了一門各國都有需求的新興職業：葡萄酒諮詢師，其中最具知名度的就是米歇爾‧羅蘭（Michel Rolland）。他也是波爾多人，1970年代末期在波美侯成立了自己的實驗室。

我們在實驗室裡分析酒農送來的數千個樣本，然後我會去各個莊園，毫無保留地傳授我在釀酒和調配方面的建議。

* 在酒精發酵後進行的發酵。

1980年代中期，南半球的葡萄酒生產大國也逐漸享譽全球，拜科技進步之賜，他們也攻佔下葡萄酒市場。

加州

智利

阿根廷

南非

澳洲

紐西蘭

這就是所謂的「新世界葡萄酒」。

儘管如此，這場在我們口中不折不扣的「波爾多革命」想要圓滿達陣，還有待一位國際明星的參與。

這號人物，就是美國人羅伯特·帕克*。這位熱愛美酒的年輕律師在1970年代末為東岸的葡萄酒愛好者編寫了第一本品酒雜誌，立刻引起轟動。

哈，我的《葡萄酒推薦指南》爆紅，我看把這些內容編成一本書吧？

好啊，我們就叫它《帕克指南》！

在舊世界歐洲，其實不缺葡萄酒文章，不過這些文字更多是寫給內行人看的。

這股撲鼻的雪松味、深邃感和酒體結構，餘韻裡殘留的一點巧克力香…它來自聖埃斯泰夫，一杯戰前的高斯艾斯圖內堡（Cos d'Estournel）紅酒！

伊肯堡（Château d'Yquem）如朝露，散發蜜香和野花的氣息…

亞歷克西·李辛
Alexis Lichine

多明尼克·西蒙
Dominique Simon

* 詳見P.321註釋。

至於帕克，每週有上百種的葡萄酒要分析，他有自己的一套全新詞彙，一點也不複雜造作。

這支拉菲散發濃鬱的香氣，有黑莓果、雪松、醬油和巴薩米克醋*。記下來！

嗯，的確有！

的確，還聞得到越南春捲的味道。

* 摘自原本之評論。

《帕克指南》成為一本具有舉世影響力的聖經，他將品酒藝術普及化，根據風味、年分、保存狀態等因素做出評判，當然，也免不了他個人的主觀喜好。

全世界開始按照「帕克評分」來賣酒。帕克本人偏愛的波爾多、教皇新堡和納帕谷，在這樣的優勢下大大獲利。

我一開始非常推崇口感強勁的酒，丹寧高、表達力強。後來，我轉而開始欣賞更優雅的、富含礦物質的酒。

正常嘍，你是美國人，你是喝牛奶長大的嘛。

我先給您上這款帕克評分98+的白葡萄酒，然後我們再來喝100分的絕品紅酒。

?!

到了二十世紀末，葡萄酒世界裡最家喻戶曉的人物，就是這位美國人，羅伯特·帕克。

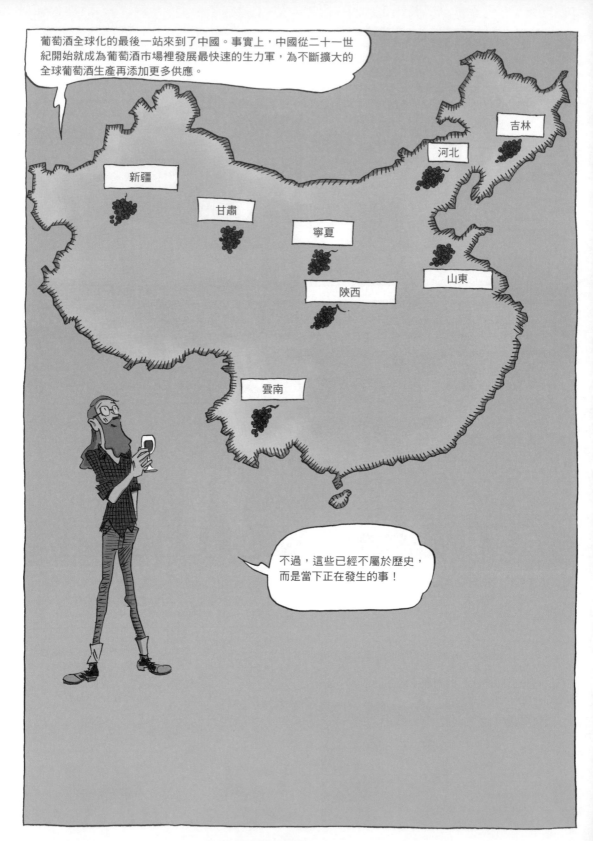

葡萄酒全球化的最後一站來到了中國。事實上,中國從二十一世紀開始就成為葡萄酒市場裡發展最快速的生力軍,為不斷擴大的全球葡萄酒生產再添加更多供應。

吉林

河北

新疆

甘肅

寧夏

山東

陝西

雲南

不過,這些已經不屬於歷史,而是當下正在發生的事!

# 第 11 章

# 有機革命

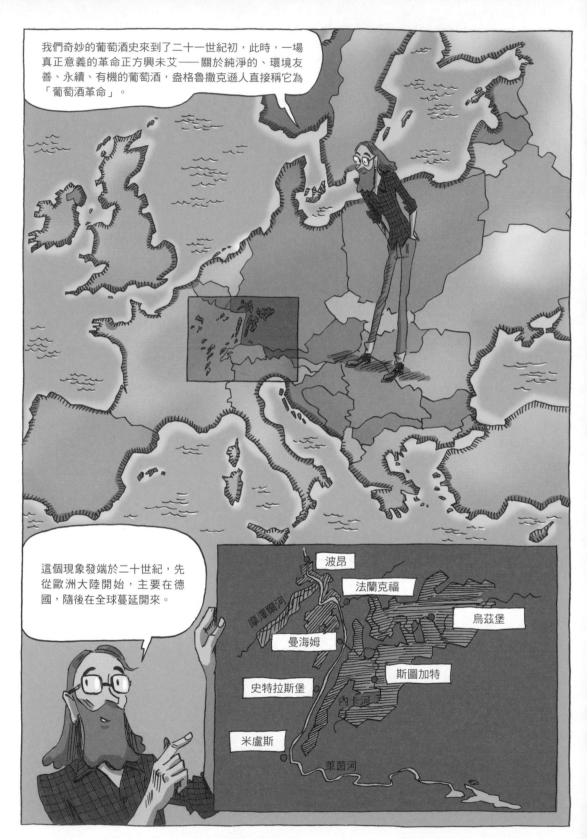

一次大戰後，德國和歐洲其他各地都遭受了重創，需要重建被毀壞的生產工具，進行現代化工程。大量勞動人口都在戰壕裡犧牲了，人們必須加緊步伐推動農業工業化。

早安！我這邊有最好的氮肥跟殺蟲劑，等您用完後再告訴我好消息。

我已經放了硫酸銅跟石灰。

一定要現代化嘛！周圍鄰居都換成全化學製劑啦。

葡萄種植也加入這場運動。

化肥工業是在十九世紀下半葉從巴伐利亞發展起來的，尤斯圖斯·馮·李比希*的研究貢獻良多。

我發現小麥、燕麥和其他農作物都依賴從泥土裡吸收礦物質來成長。添加含氮或磷的人工肥料，就能有效提高產量。

李比希和後輩的研究還包括家畜飼料，沒有他們，可就沒有「肉骨粉」！

如果用一公斤動物殘渣磨成粉代替一公斤的油菜渣餅，乳牛每天可以多生產1公升牛奶。神奇吧！

* Justus von Liebig，他的名字也被今日的一家跨國食品工廠所借用。

然而，許多的農民都意識到這些化學產品的副作用，尤其是一群位於舊德意志帝國邊境西里西亞地區的農民。

過去，我父親可以在同一塊小土地上種苜蓿三十年。但現在一塊地種了十年之後，作物就病懨懨了。

我們的牲畜也沒有比較好，牠們要不就生病，不然就生不出後代。

他們做了一個決定，一項深具歷史意義的舉措。

我們的穀物越來越羸弱！

我們的牲畜罹患了口蹄疫！

我們得做點什麼！

好好好，我推薦你們一位有名望的學者，他對農業有非常創新的見解。

奧地利社會哲學家魯道夫·史坦納（Rudolf Steiner）是一位重視社會實踐的學者，而且成績斐然。他創立了一門神祕學派，介於科學與信仰之間的學問：「人智學」（anthroposophie）。

我們的收成下跌，產量減少，牲畜連連死亡。我們需要您的幫助。

各位，來找我的人還有獸醫、醫生，連Weleda製藥廠的創辦人都來了。他們的問題都跟你們一樣。

這件事已迫在眉睫，我接受你們的請求！

當時另一位核心人物、也是史坦納的忠實夥伴，阿達爾伯特·馮·凱瑟靈克（Adalbert von Keyserlingk）伯爵。他的名字至今或許已被人遺忘，但無礙他作為偉大的有機農業先驅者。1924年6月7日到16日間，史坦納在伯爵府邸進行為期八天的「農耕講座」課程。這兩位人物就此發明了「生物動力農法」。

「生物動力農法……目睹當前大自然遭遇到的嚴重損害，已到了無法自我修復的程度。我們必須採取治療措施，才能讓土壤恢復旺盛的生命力，這種生命力對動植物和人類的健康都不可或缺。」

伯爵，這門學科的主要概念要如何命名呢？

「有機施肥」。不過我更偏好「動力生物學」*這個說法。

* 數年後，凱瑟靈克伯爵採用了「生物動力學」（biodynamie）一字。

史坦納的人智學掀起了一場強有力的靈性運動，反對過度工業化以及現代唯理性主義造成的弊端。他提出的「生物動力農法」一方面訴諸看不見的能量，但也應用了環境保育的技術。

首先，它是一種農業運作模式。一座生物動力農場，就是一個完整的生態系，其中每個組成分子，包括人、動物、植物、礦物，彼此之間互相作用、相互影響。

在這塊小生態系中，物種要盡可能多樣化，實現系統的自主運作。以葡萄園為例，人們生產和飲用的酒來自葡萄，葡萄又仰賴動物產生的堆肥才能生長。

生物動力農法眾多操作裡的其中一項，就是用牛糞或礦物調成的製劑噴灑在土壤上，來為土地和作物提供活力。

先不論人智學引發人們的信任或批判，1920-30年代的生物動力農法，已經形成史上首次對土地進行的「有機」耕作。

史坦納於1925年過世，距離他發表歷史性的農業講座沒有多久。他對於工業式、資本主義生產模式提出的質疑，卻影響了此後數以百萬計的人。史坦納深受德國著名詩人歌德的啟發，而歌德也是一位自然主義哲學家。生物動力學的背後，其實是一套理解世界的方法。

「礦物界、植物界、動物界、人類，皆應被視為具有各自的物理性及靈性。只要尊重他們深刻的內在本性，就能夠按步驟地了解他們的特性。」*

魯道夫・史坦納
（1861—1925）

「人類如果能夠以健康、自然的方式信任自己的感官，自己就會是最了不起、也最精確的物理儀器，進而明瞭世間萬象。」**

約翰・沃夫岡・歌德
（1749—1832）

史坦納離世後，他的第一位學生、電力工程師艾倫弗列德・菲弗（Ehrenfried Pfeiffer），在瑞士多納赫成立了研究中心，至今仍然作為全球人智學的研究重鎮。

我們的總部既已落成對外開放，接下來我準備在荷蘭設立第一座生物動力實驗農場。

最早透過生物動力學的葡萄栽種試驗，在1920年代末、1930年代初進行。

當然，我不會只種葡萄，而是跟其他人的做法一樣，什麼都種一些。

農場就是一個完整的有機體，一個生態系。

菲弗接著前往世界各地，宣揚生物動力學以及人智學，特別是在英國，更少不了美國。美國的極端氣候災害，已在當地敲響了警鐘。

* 由作者按原著改寫。
** 由作者按歌德《箴言與省察》第3及第13篇所改寫。

美國在經濟大蕭條時期，出現了當代最早的自然生態災害「沙塵暴」。

趕快走！

我的天！

羅斯福政府十分重視這個氣候現象。政府設立了第一個環保機構「水土流失局」（SCS）*，由內政部長哈羅德·伊克斯（Harold L. Ickes）督導。

過度耕作導致土壤表層脆弱化，容易因乾旱而粉碎。

數萬戶居民湧向66號公路，向加州避難。

嗯，我們得趕快行動。哈羅德，如果農業部直接成立新機構來管理災害，要花多久時間？

總統先生，我正在研究這個問題。

* 自然資源保護局的前身。

224

歐洲的生態意識最早在1930年代開始覺醒，一些先鋒思想家和實踐家自行發明了一套有機體系。

透過觀察原始種植水稻的方法，我首創了一套有機堆肥法，有助於為土壤重新注入活力。

阿爾伯特·霍華德爵士
（Sir Albert Howard）

希望借助綠色有機方法的產品品質，能夠幫助農民抗衡工業化農業，獲得經濟獨立性，這就是我的目標。

我則致力於食品衛生和綠色生態園藝。

漢斯·米勒與瑪麗亞·米勒*

致力於此的還有伊芙·巴爾弗夫人（Eve Balfour）、漢斯·彼得·魯西（Hans Peter Rusch）、華爾特·詹姆斯·諾史伯恩（Walter James Northbourne）等等。他們共同的目標都在為因農業工業化而受損的土地重新注入新生命。

* 詳見P.321註釋。

225

在最早的綠色農業摸索誕生的同一時間，世界上大部分的葡萄園依舊按照古老的模式在開墾照料。

在地中海東部地區，葡萄酒釀酒從兩千年以來都沒有什麼變化。

1930年代的突尼西亞農民，仍舊在乾旱的葡萄園裡拿著鋤頭埋頭苦幹，葡萄藤就攀爬在地上。

在突尼西亞，法國轄區裡的葡萄農民讓葡萄藤匍伏在地，這種栽種法就跟馬貢時代一模一樣*。

* 參閱第2章。

有時難免也給葡萄施一點化肥。

多虧了肥料，我們波亞克每公頃可以產出8千公升的酒。有時候盛裝葡萄的木盒甚至跟葡萄一起倒入酒桶……

木頭香就是這麼來的，哈哈哈！

?!

大西洋另一端的美國，在禁酒令解除後的第一批釀酒廠，仍然在用冰塊加入酒槽的方式降溫*！

* 見上一章P.208。

大戰過後，農村產生了急遽變化。在美國帶領下，農業加快現代化的腳步，尤其在穀物種植上，全面採行機具進行。

看看美國人發明的好東西！

很適合新的Capelle小麥！

哼，真神氣！採收葡萄的機器遲早也會發明的。

1948年，脫胎自維琪政權的右翼人士成立了「人類與土地聯合會」，成為法國有機生態運動的先驅，領導人安德烈・比爾（André Birre）顯然受過史坦納和人智學的影響

親愛的安德烈！

我們第一場行動，就是要發起腐植土復興運動。

哦，這讓我想起我們1942年的小麥運動！

這位戴著帽子的拉午・勒梅爾（Raoul Lemaire），在戰前便製作了史上最早的有機麵包「勒梅爾天然麵包」。

在法國，有機農業運動係由來自民間企業的人士所推動。

我們不要人工食品。

安德烈·路易（André Louis），農業工程師

這些工程師痛斥充斥於環境的化學物質和濫用殺蟲劑。

我們在研發以海草做成的肥料。

尚·布歇（Jean Boucher），園藝工程師、生物學家

這些人都追求有品質的食品、守護動植物的健康，但也在捍衛農業社會的極端保守價值。

總有一天，所有的葡萄都能夠以自然方式栽培，像我這裡的一樣！

馬特奧·塔維拉（Mattéo Tavera），葡萄酒農、法國國鐵工程師

所有人追求的正是「有機農業」，但這個名詞的發明人卻鮮為人知。他是皮耶·德爾貝（Piere Delbet），一位軍醫、抗癌先驅，還發現鎂在食物中的重要性。

「任何的人類活動，甚至包括醫學，對人類健康的影響都沒有像農業來得大。」

1958年，這些保守派右翼人士成立了法國第一個有機農產品組織「西部有機農業聯盟」（GABO）。

伙伴們，我們來為有機農業的未來乾杯！

有一天，連香檳也會是有機的。啊不，我開玩笑的！

呵呵！

1964年，GABO協助創立歐洲重要的有機農業組織「自然與發展協會」，至今仍然持續運作。

229

1960年代初，富裕國家的輿論開始關注這些新觀念。「生態政治」誕生了。美國學者瑞秋・卡森（Rachel Carson）的一本小書，促成美國首度頒布禁用化學產品的措施。

瑞秋・卡森，您的大作《寂靜的春天》*，提醒人們過度使用殺蟲劑的危害……

是的，目睹這些化學物質對環境的嚴重損害，「生態殺手」可能是更合適的字眼！

在這樣的大環境下，1960年代末、進入1970年代之際，出現了最早100%有機栽培的莊園。

亞爾薩斯

想要兩個分別位於地球兩端的例子嗎？嚐嚐亞爾薩斯的歐仁・梅爾（Eugène Meyer）和澳洲吉爾・沃爾奎斯特（Gil Wahlquist）大膽前瞻的酒吧！

澳大利亞

* Silent Spring，1962年出版。

230

1960年代末，年輕的歐仁·梅爾繼承了貝爾戈爾茨古老家族的葡萄園。

多品種栽種不是一件輕鬆的差事。除黴菌劑、除草劑，還有除蟲劑，讓我們的工作變得簡單些。

同一時間，記者吉爾·沃爾奎斯特和妻子文西選擇定居在距離雪梨西北三小時車程的瑪吉（Mudgee）。

?!

親愛的，我們也來種葡萄和釀酒，怎麼樣？

1968年，梅爾噴撒殺蟲劑對付紅蜘蛛肆虐，自己卻嚴重中毒，甚至一度失明。

老闆，好嗆！

好了，別噴了，我什麼都看不到！

沃爾奎斯特也在一次事件中有了觸發。當地的農業部幹事堅持他必須和周邊葡萄園一樣，使用強效殺蟲劑。

呼！這些蟲子，怎麼除也除不完。

DDT？要不要趁你在的時候，丟一顆炸彈比較快？

梅爾接受了一位順勢療法醫生的治療。醫生曾經學習過史坦納的理論，他建議梅爾對葡萄園採取同樣的治療法。這次經驗對梅爾深具啟示。

我的視力逐漸恢復了。

我幫您的身體恢復自然的秩序，您也可以用同樣的方法照顧農作物。

您聽過生物動力學嗎？

身為新進酒農，沃爾奎斯特夫婦本能地抗拒化學品的誘惑。

看呀，親愛的，小鳥來吃蟲子了！

其實只需要等待。

雖然周邊的莊園還沒有任何人使用生物動力農法栽培葡萄，但受到史坦納啟發的專業人士含蓋了醫學、教育、農業等諸領域，梅爾得以請教這方面的農業推廣家哈羅德‧卡比施（Harald Kabisch）。

我拜讀了您的大作，不過，要將生物動力學應用在葡萄種植上，感覺實行起來很複雜！

在恩西賽姆這個村子，有個女士曾經和史坦納一起工作過，可以去向她請益。

沃爾奎斯特在1970年代中期做了一件大膽的事，也讓自己在澳洲成為一個傳奇人物。

你們看，我們新來的鄰居，他要向周邊所有農民提出損害賠償訴訟，控告他們使用殺蟲劑和除草劑造成他的葡萄園污染！

每公頃的賠償金額高達2000元。

這個人瘋了！

生物動力農法將農場環境視為物種之間相互作用的體系，令梅爾深深著迷。

為了恢復葡萄的天然活力，我們要改善根系與土地的互動性，和植株與天空的互動性。

這樣就能強化植物的免疫系統嗎？

最終，沃爾奎斯特的鄰居們都開始採取「理性」的栽種模式，也就是，僅做最小程度的人為干預，回歸某種自然界的生態平衡。

多虧了我，你們也都變成有機農業！

你們應該付錢給我！

?!?...

在諮詢過這位女士的意見後，梅爾忠於自己的理念，實現了法國東部第一座百分之百生物動力運作的葡萄園。在亞爾薩斯，很多人開始效法他。

法國東部的土地仍舊很鄉村化，但也有工業化的一面，對於任何新的環境變遷都十分敏感。

史特拉斯堡

法國

亞爾薩斯

德國

巴塞爾

瑞士

瑪吉葡萄園就這麼成了「有機」產區，走在南半球的時代最先端。

我們也在這裡舉辦有機嘉年華和品酒會。拜有機生產之賜，葡萄酒很快升格為澳洲的文化焦點！

把一瓶尊重環境的葡萄酒說成左傾或右傾，多少都顯得荒謬。因為農業既不是百分之分的天然產物，也不是百分之百的人為技術。二十世紀初傑出的政治家尚‧饒勒斯（Jean Jaurès）便已這麼說過：

「我們所謂的『天然』產品，大部分並不是自然天成之作。葡萄不是，小麥也不是──除非有某些最了不起、卻沒沒無聞的天才，經過漫長的篩選、馴化某些野生種子和藤蔓之後。是人，猜對了寶藏的所在──在未來的小麥裡；是人，將大地的精華液催注到葡萄飽滿的果實裡*。」

「如今，健忘的人類（…）卻把葡萄酒截然分成天然與人工兩種，把自然的創造與化學合成當成相反的東西。」

「沒有所謂天然的葡萄酒，也沒有天然的小麥。麵包與葡萄酒都是人類智慧的結晶，『自然』本身就是精巧的人造物。」

談到「革命」，就不能不提「革命家」。在生物動力學或生物學帶來潛移默化轉變之際，另一個「葡萄酒革命」的新戰場方興未艾。帶頭的先驅鮮為人知，他是酒農兼研究者朱勒·修韋（Jules Chauvet）。

沒聽過他的大名？據說他曾是諾貝爾獎名單候選人。不管怎麼說，他都在和諾貝爾獎得主一起共事。

我出生在拉沙佩勒德甘謝，我是酒農，也是科學家。我證明了化學物質的確對葡萄園的天然環境造成傷害。

所以我發明了一種釀酒方法，百分之百無添加，稱為「自然」酒。

這就是今天我們說的「自然酒」（vin "nature"）。

修韋的成就，是他在品酒和葡萄酒化學方面孜孜不倦帶領學者研究超過五十年的成果。

二氧化碳浸漬釀酒法。

研究本地原生酵母和對葡萄酒味道的影響

我還發明了一個大家都知道的東西「產地品管局品酒杯」（verre INAO）！

受到修韋的激勵，薄酒萊地區的一位酒農馬塞爾·拉皮耶（Marcel Lapierre），要為這塊飽受化學品荼毒的土地率先做出重大轉向。

我要做出自由的葡萄酒，完全不靠化學品來擦脂抹粉。

跟那個「馬上喝、馬上就尿」的薄酒萊新酒可沒有關係喔！

1981年起，他在釀製自產的摩恭酒（Morgon）時，不再使用「添加物」。

二氧化硫雖然是一種防腐劑，但是它會影響葡萄酒的純度，在釀酒階段絕對要避免使用硫。

不過呢，在裝瓶前加入一點點硫，我覺得沒什麼不好的。

啊喔……

在照顧葡萄園方面，拉皮耶沿用了生物動力農法…

我把史坦納的法寶拿來靈活運用。無論什麼栽種法，都比不上跟大地之母恢復連結來得好。

?!

…他還試著走得更遠。

絕對不要用除草劑。化學藥劑會拉低葡萄汁的PH值。如果要不靠二氧化碳來釀酒，葡萄汁的PH值就得提高！

呃，我聽不懂。

以後就懂啦。

原生酵母自然存在於葡萄表皮，足以啟動發酵。這可是很重要的

一大原則就是人為干預越少越好。

拉皮耶的成就啟發了一整代投身葡萄園的年輕酒農，他們都不再使用工業化學製品。拉皮耶還贏得了學者的認同，例如情境主義領袖紀·德柏（Guy Debord）。

馬塞爾·拉皮耶的摩恭酒，從來沒有讓我失望過。

如果你開始覺得有點暈頭轉向，沒關係，我們來總結這段歷史，以及本節我們提到的所有「乾淨」的葡萄酒派別。

你可能會問，怎麼會有這麼多派別？嗯，這就是人類的宿命啊，走出一個派別，只為了再創另一個派別！

6.5：宇宙能量（2000年起）

6.4：順勢療法（2000年起）

6.3：另類容器釀酒（雙耳甕、混凝土蛋形桶，2010年起）

6.2：「樸門」永續農法（2010年起）

6.1：橙酒（2000、2010年起）

5：理性化葡萄栽種（2000年起）

4.3：自然葡萄栽種（1970、1980年起）

4.2：生物動力葡萄酒（1970、1980年起）

4.1：有機葡萄酒（1960、1970年起）

3：有機葡萄栽種（1950年起）

2：人智學生物動力學（1925年起）

1：有機施肥（1920年代初）

這波「葡萄酒革命」最終也讓有機葡萄酒獲得了官方認證，特別是在歐洲。1991年起，酒標上增列「有機葡萄釀酒」（vins issus de la viticulture biologique）標章，並於2012年制定了明確的有機栽種標準。

237

再回到1980年代。生物動力自然農法逐漸拓展至世界各地，「狄米特」認證（Demeter）甚至成為某種形式的全球有機農法認證。數以千計的酒農採行了這套按史坦納教誨所制定的栽種標準。

葡萄都熟了！還不採收嗎？

傻瓜，火星還沒跟月亮會合呢。

1990年代中期，一群富有創新精神的法國酒農共同創立一個有別於人智學體系的生物動力農法標章「生物動力酒」（Biodyvin）。

狄米特協會將把我們排除在外！

他們制定了生物動力農場規範，但是我們這裡的葡萄園，現在大多都採行單一品種栽植的模式……

因此，我們成立了自己的組織。

奧利維·杭布雷希特
（Olivier Humbrecht）

米歇·夏伯帝
（Michel Chapoutier）

馬克·克雷登懷斯
（Marc Kreydenweiss）

安娜-克勞德·勒弗萊夫
（Anne-Claude Leflaive）

拉魯-畢茲·勒華
（Lalou-Bize Leroy）

已故的法蘭索瓦・布歇（François Bouchet）是生物動力農法的倡導者之一，前面這些新生代名酒農，都是他的學生。

哎呀！這股傻勁被人嘲笑得還不夠多嗎？我來唸一段給你們聽。

嗨！我是安茹的酒農。從1962年起，我便嚴格遵照史坦納的教導來實踐這套農法，在法國是第一人。

透過我的率先實踐，後來演變成一家公司，提供生物動力農法的原料。我製作神祕的牛角肥料，盛裝牛糞或是石英矽石。

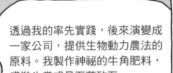

「史坦納指示我們將牛糞填入牛角中，在秋天時埋入花園的腐殖土裡，直到隔年春天。如此一來，透過向心和離心的偉大呼吸，讓周圍土地的力量進入牛角之中。這個呼吸代表著過去、現在及未來之力。在這些力量的協調作用下，植物發揮其特性（…）一方面向著地心伸展的根系足以承載重量，另一方面，莖幹獲得更多的植物生長力，朝更高的天空生長*。」

總結一下：目標在激發根系的活力，讓根部具有強大的吸收力，能夠將看不到的有益能量儲存起來。

來自地心的能量，和來自宇宙的能量。

* 節錄自「生物動態酒」發表的一篇打字稿（詳見P.324參考書目）。

此「牛糞牛角」即所謂的「配方500」。具體操作方式，是將填入牛糞的牛角埋入土壤中度過整個冬天。

也許聽起來不可思議，但這個方法的確讓土壤更有活力，釋放微量元素，有利於植物抽枝發芽。

接下來，將牛糞取出，與水混合，賣力攪動（注入「活性」），然後噴灑在作物上。

我們也可以用這些材料製作成生物動力學堆肥，流程有點複雜，但很重要。

一開始我也想自己製作有機堆肥，但令你想不到的是，從法國國家農業研究院的分析顯示，堆肥裡充斥著抗生素！

生物動力農法有一整套極為繁複的操作，我們要是在這裡詳盡介紹，就太枯燥了。

蓍草
洋甘菊
蕁麻
橡木葉
蒲公英

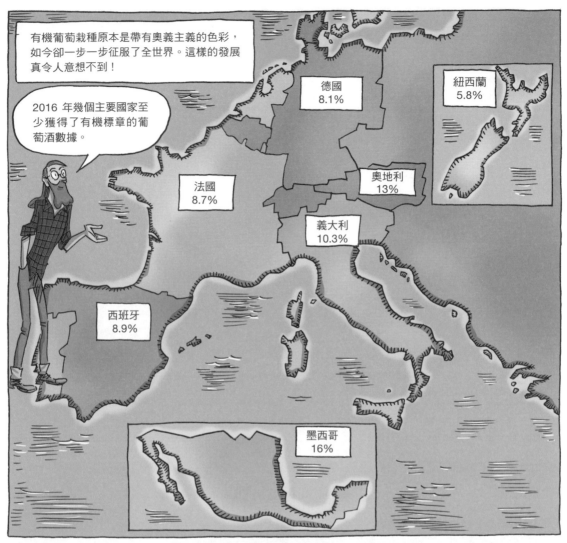

有機葡萄栽種原本是帶有奧義主義的色彩，如今卻一步一步征服了全世界。這樣的發展真令人意想不到！

2016 年幾個主要國家至少獲得了有機標章的葡萄酒數據。

德國
8.1%

紐西蘭
5.8%

法國
8.7%

奧地利
13%

義大利
10.3%

西班牙
8.9%

墨西哥
16%

根據OIV*的資料，2010年代結束時，每十瓶葡萄酒裡大約就有一瓶擁有某類有機認證標章。

*國際葡萄與葡萄酒組織。

羅亞爾河的葡萄園

奧爾良

布魯瓦

南特　昂傑

都爾

昂布瓦斯

索米爾

布爾吉

大西洋

昂傑

CHÂTEAU DES VAULTS

DOMAINE DAMIEN LAUREAU

COULÉE DE SERRANT

DOMAINE ÉRIC MORGAT

DOMAINE AUX MOINES

DOMAINE RICHOU

羅亞爾河

DOMAINE PATRICK BAUDOUIN

DOMAINE DELESVAUX

CLAU DE NELL

索米爾

CLOS DE L'ÉLU

DOMAINE RICHARD LEROY

CHÂTEAU DE VILLENEUVE

DOMAINE DU COLLIER

CHÂTEAU YVONNE

LA FERME DE LA SANSONNIÈRE

DOMAINE MÉLARIC

DOMAINE DES ROCHES NEUVES

CLOS ROUGEARD

DOMAINE STÉPHANE BERNAUDEAU

DOMAINE GUIBERTEAU

DOMAINE NICOLAS REAU

在這張羅亞爾河的地圖上，我們來看看安茹和索米爾地區的酒莊。象徵意義十足！

根據指南*的評分，這21家獲得星級的莊園如今都採行了有機、生物動力農法或自然栽種法，也就是說，最優秀的酒莊都已百分之百轉型為生態有機酒了！

我們的格言是：「沒有人能忘了羅亞爾河酒的存在！」

* 「2019年法國最佳葡萄酒指南」（《法國葡萄酒評論》第576-587頁）。

要是我們在一百年前告訴奧義哲學家史坦納，他的理論日後深深影響了釀造地表最著名飲料的最優異實踐者，他自己一定也覺得難以想像。

?!?

以瑞士的瑪麗-泰蕾絲·夏帕（Marie-Thérèse Chappaz）為例，二十年來她努力為自己在瓦萊（Valais）的葡萄園轉型，成績也一目了然。

請看右邊，我的艾米塔什和小傲酪*，到了秋天仍然保持迷人的色彩。

反之，左邊用化學藥劑栽培的葡萄園，看起來可憐兮兮的，是不是？

瑞士人甚至發起了一場公投：「瑞士不要人工殺蟲劑」。

* 瑞士的葡萄品種。

這場「有機革命」至今仍以最多元的形式繼續發展，影響的葡萄園遍及全球。

位於義大利與斯洛維尼亞交界處的佛里烏利，格拉夫納（Josko Gravner）回頭以古希臘使用的陶甕來釀酒，製作出的「橙酒」如今已舉世聞名。

之所以稱作橙酒，是因為白葡萄汁在經過和紅葡萄一樣的浸皮過程後，呈現出的顏色就與古代的葡萄酒一樣，一如按老普林尼方法釀製出的酒。

老普林尼可是我的偶像！

智利釀酒師艾斯皮諾薩（Álvaro Espinoza），是南美洲「蛋形酒桶」釀酒的先驅。

這種形狀，可以靠著地球自轉，讓沉澱物自然與葡萄汁混合，不需要人為攪動。

我是受到法國人夏伯帝的啟發。

位於希臘北部的納烏薩產區，新世代明星西米奧普洛斯（Apostolos Thymiopoulos），採用「自然農法」來經營自己的莊園。

我們不耕地，我們讓花草肆意地在葡萄藤間生長，我們也不施堆肥。

你可以說我做的酒是「純素食」*。但與其說是追求乾淨酒，更多是出於商業考量。

在法國、義大利、奧地利，這類新型有機農業更常被稱為「樸門」（permaculture）。

對我們來說，一塊土地就是一個生物群落生境，我們融入這塊棲地的方法，應該是花更多的時間去思考不要做什麼，而不是要做什麼。

我們在探索人、葡萄和環境共生的關係，這是生命的倫理。

安塞爾姆·賽洛斯**

尚-皮耶·阿莫候***

* 無任何動物性蛋白質（詳見P.321註釋）。

** Anselme Selosse，賽洛斯（Selosse）莊園。
*** Jean-Pierre Amoreau，樂譜伊堡（Château le Puy）。

二十一世紀的葡萄酒，將會大量趨向有機化。原因不難理解，有需求，就有供給。日本的例子足以為代表，這裡也是高品質葡萄酒消費的傳統市場之一。

先生，我們這裡有一份最好的歐洲葡萄酒單，來搭配您的餐點。

是有機的嗎？

當然，大部分都還是生物動力農法的！

（打破紀錄的）四千名侍酒師，爭奪這個能夠為挑剔的客人侍酒的位子，為他們提供品質最純的好酒。

我們還有純素的葡萄酒，保證百分之百無動物性蛋白，先生。

7!?

這支酒的葡萄是經由順勢療法照顧過的，我個人十分推薦，先生。

有機酒成為時代的趨勢，在原有的風土與產地履歷觀念上，現在又加上乾淨與對有機農法的追求。譬如斯堪地那維亞國家和加拿大的專賣局*，便採取了這些評量標準。

哈！找到啦！這支酒有機，應用生物動力農法，天然，純素，還是用陶甕釀造，酒廠建築還能做到碳中和，生產者正在實驗樸門農法！

* 這些國家的酒類仍由國家從事專賣。

# 第 12 章

# 玫瑰紅酒小史

玫瑰紅酒現今在全世界大受歡迎。但你知道嗎，它除了顏色獨特，還擁有自己的歷史呢！

要了解這件事，時間得回溯到紀元前的第一個千年，回到古希臘時期的殖民地脈絡下。

當時的希臘人已經建立了一個小型的貿易帝國，範圍從西班牙南部延伸到黑海。希臘商人帶來珍貴的希臘葡萄酒，帶往他們眾多殖民地，殖民者視之為珍饈。他們同時也移植葡萄，拓展葡萄種植。

這瓶好東西可是來自薩索斯島名聞遐邇的葡萄園哪。

酒色比上次的更清澈！

嗯，天氣炎熱嘛，摻了一點海水稀釋。

雙耳瓶的松脂一定塗得很厚。

這時候的葡萄酒的顏色仍然很不穩定，十分取決於添加物的內容，添加物是為了運輸和保存方便。

玫瑰紅酒的歷史發端於希臘的一處殖民地，位於愛奧尼亞海岸\*的福西亞。西元前546年，波斯的居魯士大帝來襲，當地居民棄城而逃。

波斯人突破防線了！

不好了，趕緊往日落的方向逃吧！

別忘了我們的寶貝葡萄樹！

經歷十多年的漂泊，福西亞人來到高盧南部一處有峽岸的海灣（calanque），當地的住民是塞戈布里奇人\*\*，把這處海港稱作拉西冬。

他在說什麼？

我聽不懂。我想他是要賣魚，跟我們說「很便宜」。

拉西冬，未來羅馬人稱它作「馬薩利亞」，也就是日後的「馬賽」。你猜到我要說什麼了吧？

\* 今土耳其領土。
\*\* 凱爾特利古里亞人，居住在古代普羅旺斯與義大利一帶。 249

傳說就是從這裡開始的。 福西亞的希臘水手之中有一位首領，名叫普羅提斯。

普羅提斯一心想結交塞戈布里奇的高盧國王納努斯。在一次偶然的機會裡，他參加納努斯女兒吉普提斯挑選丈夫的婚禮活動。

在當地的傳統中，女兒要向自己心儀的對象獻上一杯水。令所有人大吃一驚的是，她選擇了普羅提斯。

在無法違逆傳統的情況下，納努斯儘管不情願，也只能同意讓自己的高盧公主嫁給希臘王子。

國王贈予希臘人拉西冬附近的土地，後者則回贈予葡萄樹。

希臘人教導高盧人種植葡萄和釀酒。於是，普羅旺斯葡萄酒誕生了。

事實上，玫瑰紅酒並不是普羅旺斯的專利，因為在古代，所有的葡萄酒不外乎都是或深或淺的粉紅色。

我再重述一次釀酒步驟：壓榨葡萄，立即收取葡萄汁，在雙耳甕中進行發酵。完成*！

天然的澄清榨汁沒有經過浸皮，或只經過一點點果皮和果肉浸漬，幾乎上不到色，因此絕大多數的古代葡萄酒都呈現出澄清透明的紅色。

我們幾乎都是用黑皮葡萄，但榨汁是白色的。

* 參閱P.48, 49。

地中海四周沿岸所釀製的希臘式清酒成為一種普及的標準酒色，也是不折不扣的玫瑰紅酒始祖。

赫梅洛史柯比翁（今西班牙）

敘拉古（今西西里）

潘提卡彭（今克里米亞）

照理講，羅馬文化繼承了希臘人的大部分遺產，澄清葡萄酒應該會隨著羅馬人的擴張而在整個地中海周邊發展興旺。

但事實上，事情有更複雜一些。為了理解這個現象，我們需要借助羅馬最著名的博物學家的話。

來了，來了！

還記得老普林尼*嗎？讓他來告訴你一切。

啊！說起酒，我的精神就來了。

呃，請注意社交距離，謝謝。

嗯，我們的確繼承了希臘人的釀酒法，生產大量的澄清葡萄酒，亦即從黑葡萄榨出的淡色葡萄汁釀成的。

* 參閱P.44起之內容。

由於我們羅馬人喜歡對事物進行分類，因此我們給這種酒取了 vinum clarum「澄清葡萄酒」的名字，很清楚吧。

儘管如此，我們還是得指出，澄清葡萄酒並不完全是希臘人的發明。古埃及人已懂得釀造多種葡萄酒，包括用黑葡萄製成澄清葡萄酒。

但我跟你說，我們羅馬人很厲害，當時的釀酒技術已經被我們做到最好，我們也懂得延長浸皮時間，來釀造更濃、更深色的酒。

我們給這種酒取了另一個名字vinum rubeum「深紅葡萄酒」。

這種酒就是紅寶石色、甚至紫紅、黑色的葡萄酒，也就是今日紅酒的祖先，即十七世紀在波爾多蔚然成形的紅酒*。

\* 參閱P.167起之內容。

從這個遙遠的開端，兩種酒開始分道揚鑣。vinum clarum走的路線是新鮮、易喝，而vinum rubeum則越陳越香、層次豐富。

還記得我列出的羅馬產地名酒*嗎？「法萊娜」可不是澄清葡萄酒喲！

兩千年後的今天，我們一樣把「解渴」型葡萄酒——如玫瑰紅，和陳年葡萄酒當作兩種截然不同的類型。

RAVENNE

\* STATONIA
\* GRAVISCA
□ ROME
\* \* ALBANUM
\* SIGNIA
\* PRIVERNO
VELLETRI \* \* FONDI
\* \* \* SETIA
\* \* \* CALÈS
CÉCUBE \* \* MASSIQUE \* CAULINUM
FALERNE \* \* □ NAPLES
GAURANUM \* \* POMPÉI
\* \* SORRENTE
LAGARIA
THURII
CONSENTIA \*
TEMPSA \*
REGGIO

TARENTE

\*佳級
\*\*特級

\* 參閱P.51。

關於「澄清」葡萄酒的最後一個細節：如果忽略額外添加的成分（為了突顯風味或保存考量），羅馬酒的口感與現代玫瑰紅酒其實驚人地相似，因為當時使用的品種已經和現在的葡萄酒非常接近了。

老普林尼在著作中描述了羅馬酒農篩選應用的91個品種。科學家也在近期證明了它們是今日的西拉、黑皮諾、和另一種薩瓦涅的直系先祖*。

\* 摘自《自然植物》（Nature Plants），2019/5。

別忘了，我們羅馬人的葡萄栽培知識已經和二十世紀的酒農相去不遠。

例如，他們十分嫻熟扦插*和嫁接\*\*的技術。

253　　\* 將剪下枝插埋入土中，長成新株。
\*\* 將新發枝接到另一株植物體上（稱為「高接」或「根砧」）。

你們也都知道，蠻族入侵對於古希臘羅馬建立的秩序造成了嚴重破壞。

饒命！要多少酒我們都有！是要vinum clarum，還是vinum rubeum？

他在說什麼？

不知道，我聽不懂拉丁文。

不過，葡萄酒文化奇蹟般地在教會和修道院保存下來。

如果我告訴你只要帶最重要的東西，你應該帶十字架！！

？！？

隨著基督教成為西歐的主流宗教，舉行聖餐儀式時不能沒有兩樣重要的東西*：麵包和葡萄酒。教會必須確保葡萄酒的供應充足無虞。

這是基督之血。

你能想像要準備多少桶酒才能應付每天來教堂領聖餐的人嗎？！

在「聖體聖酒就是耶穌基督的身體」的主張下，教會慎選顏色夠深的紅葡萄酒來進行聖餐禮。「基督之血」必須要非常紅。

我講過多少次了，深紅色葡萄酒是做彌撒專用的，澄清酒才是作為我的餐酒，或給教區賓客喝的。

聖拉得伯士*如果看到了會做何感想！

怎麼辦，我有辨色困難⋯

當然，我們對於遙遠的中世紀早期葡萄酒究竟是什麼顏色一無所知，只知道越往南走，陽光越充足，適應高溫的葡萄品種越多，酒汁的顏色也就越深。

我們加薩*的黑葡萄，釀出的一定是紅寶石色的葡萄酒啦。

啊，真希望有那麼一天，能品嚐到北方的澄清紅酒！

這又是兩種酒並存的遙遠起源之一。高級酒事為宗教儀式所用，或為權貴所享，而顏色較淺、甚至根本就呈粉紅色的解渴酒，則和庶民百姓息息相關。

你的酒喝得出用雨水稀釋過，哈哈哈！

我們可喝不起深色酒，像你一樣，大藝術家！

史上真正的「玫瑰紅酒」，是到了十二世紀才首度出現，儘管當時還沒有這個名稱。在英格蘭所屬的阿奎丹公國，當地為廣大的英國市場生產French claret，這種淡紅葡萄酒完全是vinum clarum的傳承。

法蘭西王國

阿奎丹公國

喔！你載了真多酒桶，是要去哪？

你想我能去哪？這麼多酒，你自己來扛扛看！當然是去月亮港*。

* 波爾多海港。

倫敦的金雀花王朝從上到下全都風靡著這種酒，它比當時的西班牙葡萄酒要清淡得多。它的浸皮時間最多一至兩晚，隨即盛桶，在從波爾多運送到目的地的路途上進行發酵。

下一次漲潮我們就啟航前往布里斯托。

您跟那邊的總代理說這次的澄清酒來自右岸，他們一定開心。

這就是澄清紅酒的遙遠起源，它就是今日波爾多奇特的深色玫瑰紅酒，我們稍後會再看到它。

直到中世紀末，法蘭西王國生產的大部分葡萄酒都是這種淡淡的澄清紅酒。濃郁的暗紅葡萄酒，羅馬vinum rubeum的後代，只有在教會聖餐式裡喝得到，或貴族方得享用。

唯一的不同點，是現在使用的是一半的白葡萄和一半的黑葡萄，但結果是一樣的。

的確都一樣，也跟以前一樣累人！

到現在都還沒聽到「玫瑰紅酒」的說法嗎？嗯，為此我們必須去一趟法蘭西島。

中世紀末，位於巴黎東北郊的阿強忒伊（Argenteuil）\*，名列當時法國最著名的葡萄園之一，透過水路供應巴黎高品質的澄清紅酒。

蒙莫朗西

阿強忒伊

瓦雷里安山

巴黎

我們黑葡萄和白葡萄兩種都種，這項種植傳統有助於抵禦霜害。

我們最愛的品種是梅斯里耶，可以釀造高級的奧爾良白酒；莫黎永和摩尼葉\*\*也是我們的最愛，可以釀出漂亮的澄清紅酒。這兩種葡萄怎麼混合都好喝。

\* 詳見P.321註釋。

\*\* 摩尼葉是勃根地黑皮諾的古老變種。根據Roger Dion的研究，現在在香檳區仍能發現摩尼葉種，詳見P.324參考書目。

打從腓力二世*的時代，我們阿強忒伊葡萄酒就被視為上等佳釀，因為我們只在向陽坡面上種葡萄。

這些向陽坡地有個傳統名稱「拉里斯」**。

* 十三世紀初。　** Roger Dion, op. cit.

文藝復興時期，阿強忒伊葡萄酒持續保有卓越聲譽，和奧爾良、伯恩丘的葡萄酒共同作為王室餐酒。

在金縷帳*下，我們飲盡了所有澄清葡萄酒。其中我最喜歡的酒是距離巴黎不遠的阿強忒伊。

法蘭索瓦一世

御醫推薦我飲用品質絕佳的阿強忒伊法萊娜，來治療我的痛風。

路易十四

* 1520年六月，法蘭索瓦一世與英格蘭亨利八世在加萊附近進行歷史性會晤，雙方舉辦外交宴會，詳見p.324參考書目。

沒有人確切知道現代「玫瑰紅酒」的說法究竟起源於何處，但當地傳統皆指認就在阿強忒伊，時間點是十七世紀末。

我們要不要把這麼迷人的葡萄酒叫作「阿強忒伊玫瑰紅酒」？

你想用玫瑰來形容澄清紅酒的顏色嗎？

事實上，我們可以說得更精準一點，待會兒你就明白了。

這個時代的文法學家西撒-皮耶·黎希萊（César-Pierre Richelet）直接將「玫瑰紅」（rosé）、「玫瑰紅酒」（vin rosé）的說法寫入最早的官方法語辭典*裡。

a是alcool（酒），b是bière（啤酒），c是cognac（白蘭地），p是porto（波特酒），現在又多了r是rosé（玫瑰紅酒）。嘿！太棒啦。

Rosé：形容詞，只作陽性形式使用，亦指一種葡萄酒。Rosé意為一種令人愉悅的紅色，有如豔紅色禮服的顏色。「這杯玫瑰紅酒好極了。」、「喜愛玫瑰紅酒。」

* 《包含單字和事物的法語辭典》（*Dictionnaire François Contenant Les Mots Et Les Choses*），皮耶·黎希萊，1680年。

來吧！告訴您只有專家才知道的專業知識，這是最準確的資訊，可幫助你在晚宴上獲得掌聲：「玫瑰紅酒」（vin rosé）一詞首度出現於文獻之中，可以上溯到十四世紀初！

它出現在一位愛爾蘭修道士和另一位瓦隆學者共同翻譯的拉丁文手稿《secretum secretorum》*。他們的中世紀法文相當難懂。

來吧，勇敢的夥伴！段落五十九：「從顏色論葡萄酒的類別」

段落五十二：「（…）一年過後，它會呈現玫瑰色，顯出玫瑰的顏色；*」

欸，我寧可像其他人一樣，抄錄聖經就好！

* 原文第五十七到六十四章，約1300年由Jofroi de Waterford & Servais Copale翻譯及整理，H. Henry引用。詳見P.324參考書目。

再回到十七世紀。阿諾·德·龐塔克在這時發明了現代紅酒「new french claret」*，一時之間，不管是澄清紅酒或玫瑰紅酒都顯得落伍了。

各位波爾多酒商，這種飲料會讓我們大富大貴！

* 參閱P.168。

羅馬深紅酒所化身的新形象，甚至媲美荷蘭商人*為人們帶來的生活小確幸。

咖啡

琴酒

茶

菸草

啤酒

巧克力

* 參閱P.166及後續內容。

然而，不論是澄清紅酒、灰酒、玫瑰紅酒，甚至叫「鷓鴣之眼」（œil-de-perdrix）的製酒傳統，早已在許多地區扎根發芽。

我們的阿爾布瓦（Arbois）葡萄酒早在十三世紀就聞名於法蘭西和法蘭德斯宮廷。我們的特產有健康爽口的澄清紅酒，和甜滋滋像甜點的玫瑰紅酒*！

「鷓鴣之眼」的顏色在十七世紀逐漸家喻戶曉。它是一種透明淺紅色的葡萄酒，和垂死的鷓鴣眼睛的顏色十分類似！

安茹

汝拉

在南部，大家口中說的是「灰葡萄酒」。我們塔維爾酒的顏色還沒有像後來的那麼深。

塔維爾

* 改寫自《汝拉的葡萄酒》，Michel Chevalier，詳見P.324參考書目。

在這個脈絡下，舉世最著名的玫瑰紅酒在十八世紀末誕生了——在慧納香檳（Ruinart）的酒窖裡：粉紅香檳。

大人，今天是1764年3月14日，我在日誌上記下一筆120瓶的訂單，以鶇鴣眼酒為主，這些是要為梅克倫堡-史特立茲大公*準備的。

我已經知道了！

父親啊，唐培里儂看見我們在做這種酒不會恥笑嗎？香檳不是要白色的！

傻瓜！全歐洲最優雅的女性都會愛上這迷人的櫻桃色。

* 按慧納酒廠的檔案所改寫。

那麼，請您告訴我，家裡的釀酒師父是怎麼做這種酒的，以免哪一天您不在了…

咳，最初我的想法是讓紅葡萄浸皮的時間更長，讓果汁著色，但這樣顯然不夠。

所以我們用菲斯梅（Fismes）烈酒來增色，這種酒是從接骨木漿果釀製的。但它會稍微破壞整體的平衡感。

的確，烈酒讓味道變得怪怪的。

四十年後，一位女士，也就是業界龍頭芭貝-尼寇·龐薩丹（Barbe-Nicole Ponsardin）找到了解方。她有一個更響亮的頭銜：「凱歌寡婦」。她的方法很簡單：混合紅酒和白酒。她發明的方法，即粉紅香檳的現代配方。

我一開始先用的是勃根地的黑皮諾，但我在伯恩的聯絡人寄來的酒效果並不好。我轉而採用我們自己在布齊的葡萄。加入15%的布齊紅酒後，味道和顏色都非常完美！

勃根地人哪，不能相信他們。

牽扯到葡萄酒更不行！啊，這支1818年份的酒太好了。

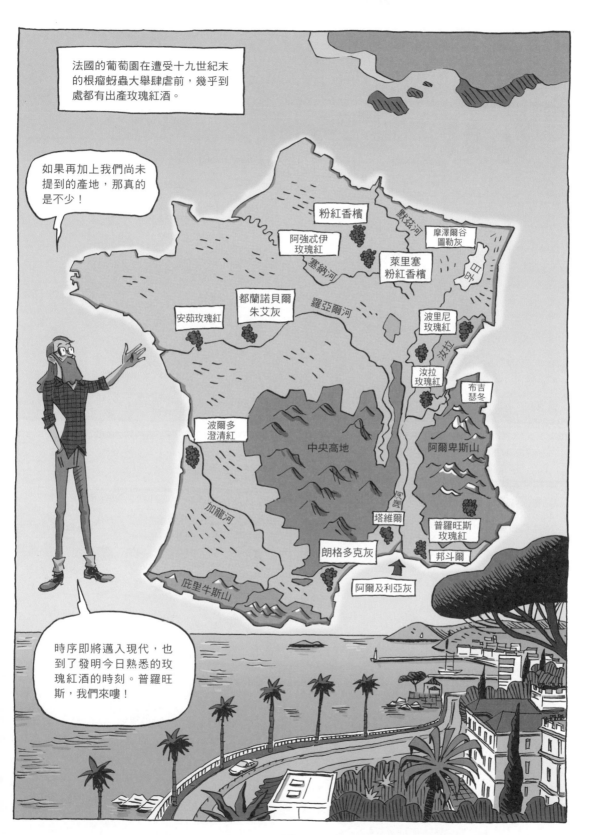

要了解現代玫瑰紅酒的起源，我們必須回到十九世紀末的普羅旺斯。當時這裡跟法國全境的葡萄園一樣，遭受了一種小昆蟲「根瘤蚜」（phylloxéra）的嚴重肆虐。

法國

普羅旺斯

唉，別再說我們釀酒已經有兩千六百年的歷史了！

神父，今年就算祈求葡萄豐收恐怕也無效啦。

邪惡的生物！魔鬼，走開！

普羅旺斯的葡萄必須全盤重新嫁接，接到健康的植株上*。

好啦。如果一切順利，兩三年後我們應該可以再次收種葡萄。

為了盡速恢復大量收成，酒農選擇了結實最多的葡萄品種。

這裡的環境，神索、阿拉蒙、格娜許長得最好，所以我們就盡量多種這些品種嘍！

* 以不怕此病的美國葡萄為根株，上面嫁接其他葡萄品種。

唯一的問題，也是一個大問題，就是這些葡萄品種的酒色都很淺。

很像勃根地呢！

嘿！說話客氣一點。

在這個原本生產深紅葡萄酒的葡萄產區，新酒的顏色實在太淺了。

我們該怎麼辦？

呃，我們可變不出三十六套劇本。

第一個解決方案：在釀酒桶中加入地中海南方國家的深紅葡萄酒。

呃……這樣好嗎？

別擔心，這還是法國酒——阿爾及利亞葡萄酒。跟我們隔海相望的省分！

還有另一種更細膩的操作法，是幫釀酒槽「放血」，能夠濃縮顏色。

丟掉大約三成的榨汁，剩下的酒汁會變得更濃，不僅顏色更深，味道也更濃！

我好像進入《奇想病夫》（Le Malade imaginaire）的世界。

接下來該怎麼處理這些澄清果汁？

真是個大問題！

直接裝瓶吧。它會是一瓶好餐酒，招待家人，招待朋友，慰勞酒農和郵差。

還有神父！

在此環境之下，一位亞爾薩斯的年輕釀酒師馬塞爾‧奧特*來到普羅旺斯。他馬上就愛上了這個地方——還有這裡便宜的葡萄園。

啊！先生，你們這裡真是太討人喜歡了。天氣、大海、居民、紅酒、白酒，嗯……除了玫瑰紅酒。

是嗎？喝起來蠻爽口的吧。

他從一開始就對普羅旺斯「土產」的玫瑰紅酒不抱任何期待。它就是一款普普通通的酒，不宜過量飲用。

是誰發明了這種玩意兒？還是別去深究吧。

他真正的熱情是白酒！

啊，茴香、茴芹、綠茶、乾燥香草的味道，太棒了！

* 詳見P.322註釋。

這位大膽的製酒師開始釀製白酒,並將他的高級白酒賣給有錢的貴婦,賺得盆滿缽滿,特別是巴黎的名媛。她們發現原來普羅旺斯這個自家後院,就是她們世紀初的「碧海藍天」。

味道真棒,簡直就是陽光燦爛的「伯恩丘」。是怎麼做出來的?

嗯!

親愛的女士和先生,我把這塊美麗的土地上所生產最漂亮的布布蘭克、白玉霓、維蒙蒂諾等白葡萄全部混合,輕柔地榨汁。最後按特定比例調配,這是我們的獨家祕方嘍,呵呵呵!

奧特也是最早在酒莊自行裝瓶的人,和波爾多的羅斯柴爾德英雄所見略同,帶頭引領風潮*!

* J.-R. Pitte,《酒瓶,一場革命的歷史》(La Bouteille de vin: Histoire d'une révolution),詳見P.324參考書目。

奧特有個想法。

既然我們懂得釀造優質白酒，為什麼不用同樣的技術來做玫瑰紅酒呢？

玫瑰紅，確定嗎？！

看！與其把果汁白白浪費掉，不如直接榨取神索、格那希或阿拉蒙！

你覺得巴黎人會喜歡嗎？

奧特的兒子雷內（René Ott）還有另一個點子。

父親，要讓普羅旺斯酒成為名酒，我們需要新的酒瓶！

嗯，這主意不錯。

看！從古代雙耳瓶造型獲得的靈感。

至少老普林尼不會爬起來告我們抄襲吧。

按其家族史記載，此地其他葡萄園沒有人願意採用新酒瓶。

沒有人有意願採用！大家都甘願被波爾多標準宰制，真是不可思議！

別氣了，雷內，我們自己留著用吧。

我看到下個世紀我們都不愁沒酒瓶了。

從1936年起，第一批渡假階級來到蔚藍海岸。他們發現了奧特家和其他競爭者好喝的玫瑰紅酒。

美麗的女士，嚐嚐看我們塞勒堡的玫瑰紅酒。

精英之酒…還真敢講！

酒中之最，這樣講比較好。

普羅旺斯葡萄酒要向萊昂‧布魯姆*說聲謝謝！

* 譯註：Léon Blum，1936-37時任法國總理。

戰前大批前來蔚藍海岸渡假的國際觀光客，對於南法聲名鵲起的「玫瑰紅」開始趨之若鶩。

喔！這麼淡色的葡萄酒，還真該死的清爽可口！

以聖喬治之名，法國人應該把這種酒送給希特勒和他的黨羽，讓他們冷靜一點。

親愛的，別開這種粗俗的玩笑。我們才剛開始喝開胃酒，不談政治。

尼斯在當時是英倫遊客最愛的城市。

在取得法定產區方面，普羅旺斯酒因為塔維爾（Tavel）這個小產區在1936年獲得了AOC，便讓普羅旺斯的法定產區數目翻了一倍。這個位於隆河下游的小鎮甚至大費周章邀來當時的總統勒布倫親自為酒廠舉行落成典禮。總統留下了一句家喻戶曉的名言：

是的，塔維爾就是全法國的第一個玫瑰紅酒！

我們從美男子腓力四世和亞維儂教皇的時代就在喝塔維爾玫瑰紅啦。

甚至從羅馬皇帝時代就開始啦。因為當時盛大的狂歡宴，所以人們才說「粉紅酒杯」*嘛！

咖？？...

這些說法的確誇張了點，但塔維爾出產淡紅葡萄酒的確已經有好幾百年的歷史。1930年代劃定的法定產區，全部都只針對玫瑰紅酒。

* 譯注：「紅斑痤瘡患者」（couperosé）的同音字玩笑。

270

二戰前夕，另一個前景亮麗的南法產區也躍躍欲試準備登場——不僅是玫瑰紅，也在高級紅酒史上佔有一席之地——邦斗爾（Bandol）。

多美麗的風景！在經歷過根瘤蚜蟲災害後，我們僅剩的少數幾個人，決定重新種下品質最好的葡萄樹，釀造高級葡萄酒。

這些石砌的梯田牆，我們稱它作「雷斯塘克」（restanques）。

現代高級邦斗爾酒的故事，要從一對年輕夫妻講起。呂西安·佩候（Lucien Peyraud）在1940年娶了露西（Lucie），兩人開始經營丹碧園（Domaine Tempier）。

這是我們家的土地，沒有自來水，晚上只靠燭光照明。你還是愛我嗎？

沒關係，戰爭已經爆發了。

呂西安不久結識了安德烈·羅斯利斯伯格（André Roethlisberger）醫生，他熱愛邦斗爾的風土，也對年輕的呂西安照顧有加。

邦斗爾可以釀出非常好的紅酒和玫瑰紅酒。不過，我是瑞士人，葡萄酒協會的職位只能由你來出任嘍。

哎呀，我只對釀酒有興趣，遇到政治就頭痛了！

非常湊巧的是，羅斯利斯伯格醫師與AOC之父勒華男爵*正是摯友，再加上兩位當地仕紳的助力——波塔利斯伯爵夫人和比西侯爵——他們對爭取產地命名認證勢在必得。

勒華男爵

波塔利斯伯爵夫人

比西侯爵

這裡有生產高級紅酒的潛力，就像教皇新堡一樣。

男爵、伯爵夫人、侯爵，邦斗爾的上流社會名單很厲害吧！

羅斯利斯伯格

1941年，邦斗爾獲得產地命名認證，呂西安·佩候成為產區代言人。

接著你會被選為葡萄酒協會主席，然後你會進入國家原產地名稱委員會。等著瞧吧，將來有一天你會下葬在莊園裡，人們會為你立像*！

這個嘛…嗯，我們什麼時候來做玫瑰紅酒？

* 參閱P.204。

* 佩候過世後的確就下葬在莊園。

* Henri de Rasque de Laval

\*\* Gabriel Farnet
\*\*\* Edme de Rohan Chabot

1947年，拉瓦爾男爵和羅汗夏波伯爵向國家原產地命名委員會申請對23個普羅旺斯莊園進行認證。不過，到了1977年*普羅旺斯才終於摘下AOC！

原產地委員會會派出兩名專員，評估所有面向：地質、氣候、土壤水文，葡萄園狀況，和酒莊的專業技術等等。

普羅旺斯

我們可以跟他們說，維琪政府已經用列級酒莊的標準在對我們課稅**，這一點會很有說服力。

* 普羅旺斯酒在1951年評定為VDQS等級（優良地區葡萄酒），1977年才升格為AOC。

1955年七月頒布的法令正式認可了產區。法國葡萄酒界一片譁然，尤其是波爾多，他們早就在「1855年分級制度」的庇蔭下豐衣足食。

什麼！普羅旺斯那群鄉巴佬的爛玫瑰紅酒竟然拿下1955年分級！？

這簡直比「葡萄酒大統領」***回歸對我們更糟糕！

這次成功的出擊，也讓普羅旺斯玫瑰紅成為全世界第一個獲得分級制度認證的玫瑰紅酒。

當初獲認證的23家酒莊，現在只剩17家****。它們為玫瑰紅酒贏得的殊榮至今仍然是舉世唯一，不過，此一認證也是飽受批評。

** 1943年維琪政府農業部按照1942年制定的名冊（未經通過）所實施的標準。
*** 第三帝國派駐的葡萄酒官方代表，在戰爭期間對葡萄園區進行控管。

****有的莊園已經不復存在。

千萬別以為南法已經全面接管玫瑰紅酒的概念。事實上，全球各地皆有新的玫瑰紅酒嶄露頭角。

二戰期間，葡萄牙釀酒師費南多・凡・澤勒・蓋德斯（Fernando Van Zeller Guedes）發明了一種甜粉紅酒，日後成為舉世聞名的「瑪德露」（Mateus）。

我想效法瑪歌堡，在酒標上有城堡圖案。但我們雷阿爾城這座宮殿*放在傳統酒瓶上不起眼，所以我設計了這款大肚酒瓶！

1950年代，波爾多的酒農將中世紀的澄清紅酒以現代形式重新推出，命名為「淡紅葡萄酒」（clairet）。其中重要的推手即羅傑・阿米耶爾（Roger Amiel），他是剛薩克酒莊（Quinsac）莊主。

我從當代最著名的釀酒師佩諾（Emile Peynaud）**傳授的知識裡獲益良多！

淡紅葡萄酒是經過中度浸皮所釀出的葡萄酒，因此果香濃郁，很容易入口。這是屬於我們的薄酒萊新酒！

戰後，瑞士也推出自己的玫瑰紅酒「鷓鴣之眼」（l'œil-de-perdrix），這是一種高山灰葡萄酒，以黑皮諾釀製。阿洛伊・德・蒙摩蘭（Aloys de Montmollin）***是最早發掘其潛力的酒農。

一開始它只是我們納沙泰爾的特產，後來這套製酒法在周邊谷地廣為流傳，到處都有人在做。

1947年，歷史悠久的香檳產區萊黎賽（Les Riceys）開始生產粉紅香檳，同樣以黑皮諾製成，也獲得了AOC產地認證，一炮而紅。

你知道嗎，畫家雷諾瓦對萊黎賽酒情有獨鍾呢。

我們應該把葡萄品種改名為「黑諾瓦」（Pinot Renoir），哈哈哈！

* 位於葡萄牙北部。　　** 參閱P.213。
*** 歐弗尼爾堡（Château d'Auvernier）。

連美國都出產了自家在地的玫瑰紅酒：白葡萄「金粉黛」（White Zinfandel）粉紅酒，這是一位名叫鮑伯・特林切羅（Bob Trinchero）在不經意之中做出的粉紅酒。

噢，這甜甜的金粉黛喝起來真不錯！

你是說它不小心中斷了發酵？

此外還有北非的灰葡萄酒。由於深受歡迎，它成為所有移民歐洲的阿爾及利亞人和摩洛哥人開的餐廳裡的必備餐酒。

「不拉彎」（Boulaouane）的名氣有誰不知？就像亞爾薩斯，或朗格多克，它也是一種淡粉紅酒，只用單一品種的白肉紅葡萄製成。

又是古羅馬的澄清紅葡萄酒！

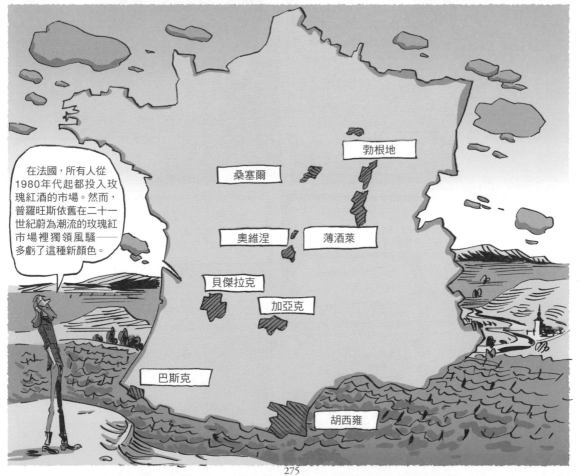

在法國，所有人從1980年代起都投入玫瑰紅酒的市場。然而，普羅旺斯依舊在二十一世紀蔚為潮流的玫瑰紅市場裡獨領風騷——多虧了這種新顏色。

勃根地

桑塞爾

奧維涅

薄酒萊

貝傑拉克

加亞克

巴斯克

胡西雍

新酒之風行，全都從一場不經意的閒聊開始。一頭是波爾多頂級酒莊的高層人物尚貝爾納‧德爾馬*，另一頭是其女性友人、加桑的酒農雷琴‧蘇梅爾（Régine Sumeire）。

雷琴，如果妳的玫瑰紅不想上色太深，妳就要像我做歐布里昂白酒的方法一樣，將整串葡萄輕輕壓榨，帶皮浸漬時間越短越好。

啊，我真想做出跟玫瑰花一樣的顏色。那一定會最漂亮、最時尚！

這台亞爾薩斯的機器「寇克」可以幫我非常輕柔地榨取格那希葡萄，也能有效縮短浸皮時間。

* Jean-Bernard Delmas，歐布里昂堡經理，酒莊的靈魂人物，任職四十年。

1985年，她的摩登淡粉紅酒已領先同業問世。她為這第一款新酒取名為「玫瑰花瓣」（pétale de rose），至今都在。

尚貝爾納，我成功啦！我的粉紅酒不僅顏色像玫瑰花瓣，酒汁也更淡雅，更絲滑，更多層次！

一定比波爾多的淡紅酒更讚啦，哈哈哈！

抱歉，這顏色不夠高雅。不通過！

老屁股又在胡言亂語？我知道右派又掌權了，但真令人不爽！

還不至於打入跟不拉彎同流吧！？

好在「玫瑰花瓣」逐漸受到葡萄酒愛好者的青睞。年輕名廚阿蘭‧杜卡斯（Alain Ducasse）在摩納哥經營的餐廳「路易十五」是最早洞悉其潛力者。

我喜歡它的波爾多瓶身。

我想做出特級的玫瑰紅酒！

現代普羅旺斯玫瑰紅酒，無形之中就這麼正式誕生了。從此之後，這種顏色的地位日漸穩固，尤其在1990年代之後獲得新闢產區的認同。

讓我們直奔阿爾碧山（les Alpilles），探訪第一個生物動力玫瑰紅酒！

我想在阿爾碧山下面闢建一個釀酒空間，它像一只巨「眼」，透過水晶球體聚集能量，正下方是酒窖。

在夫婿尚路易的協助下，我們在2006年買下這片莊園。這個地點極其不凡，最重要的是我們是普羅旺斯最早採用生物動力農法*的莊園。

安-瑪麗·夏摩呂**，現任園主。

尚皮耶·佩候***，投資銀行財閥，酒莊創辦人。

* 參閱前一章。

水晶球天頂

佩候是一位爭議人物，他因為坑殺股市投資人而登上新聞頭條，但他亦熱衷於人智學，也是第一瓶具有「神祕力量」玫瑰紅酒的作者。

吸引這位投資人之處，是這個地方從希臘人上岸以來（早於耶穌基督誕生之前，西元前350年）便已開始釀造玫瑰紅葡萄酒。這裡有祭拜女神阿蒂蜜絲的神廟。請看她的雕像！

我們設計了這座「酒窖教堂」，透過中央塔井吸收大地的能量，這是我用占卜擺錘探測出來的！

這個格局是我收集當地在封建時代聖殿騎士團城堡的測量資料，保有神聖的奧祕，「埃及尺」（coudées）精準落在0.5236公尺，和古夫金字塔完全一致。

我們建造這個空間作為儲酒窖，讓當地各種不同的能量在這裡產生最大的共振****。

酒窖以哥德式建築風格建造，有大跨距尖拱，既能支撐建築，也能夠「迎天使進入」。

賽基·赫尼曼*****，建築師、磁力法師、巫師。

** Anne-Marie Charmolüe
*** Jean-Pierre Peyraud
**** 作者按赫尼曼在2012年的訪談記錄所編寫。
***** Serge Hennemann

憑著獨特的歷史和風土，「邦斗爾」已經成為最佳玫瑰紅酒的代名詞。我們回到邦斗爾，參觀一下產區東側的奧利烏爾鎮（Ollioules），一間口碑載道的現代酒莊：泰爾布呂恩莊園（Terrebrune），其特產，是適合陳年保存的玫瑰紅酒！

山坡

在這裡，地勢形成的風洞使得來自大海的海風不斷吹拂，將熱氣帶走，幫助葡萄保持涼爽，避免高溫銷蝕掉葡萄的酸度。

我們的土壤十分特別，它是距今2.2億年的三疊紀石灰岩，種植生長了五十年的老欉慕合懷特葡萄。

葡萄園

在酒窖裡，我會先品嚐白酒，然後紅酒，玫瑰紅永遠留在最後！

雷納爾·德里耳
Reynald Delille

278

* 雷納爾‧德里耳的父親，1964年闢建莊園。

** Alexis Goujard，《法蘭西葡萄酒評論》品酒師。

*** Jean D' Arthuys，投資人，莊園的新合夥人。

2000年之後，普羅旺斯的玫瑰紅酒如雨後春筍般崛起。現在我們一年四季都在喝它！

香檳？哦，不，我們要一瓶茹賓酒莊的大瓶玫瑰紅！

有產地標示的玫瑰紅酒已經成為歡慶的代名詞，也代表了輕盈精緻、低卡美食。

這時候我才意識到，我們贏了。

奧利維・納斯勒斯（Olivier Nasles），普羅旺斯名釀酒師

很快，法國賣出的葡萄酒裡每三瓶就有一瓶是玫瑰紅。這股熱潮也蔓延到全世界，特別是美國。

我發明了世界上最貴的玫瑰紅酒，賣給富豪一族。當然我也做一般產區酒，它可是美國最暢銷的玫瑰紅酒*！

美國人是如此風靡玫瑰紅，他們甚至訂出了 National Rosé Day **！

莎夏・李沁（Sacha Lichine），蝶伊斯柯蘭堡（Château d'Esclans）創辦人，2019年被LVMH收購。

* 分別命名為Garrus和Whispering Angel（天使絮語）。　** 6月的第二個星期六。

連好萊塢明星都熱衷於收購普羅旺斯的高級玫瑰紅酒莊。

你呢，喬治，為什麼不再拍《星際大戰》了？

我的原力用完了。

你的葡萄酒事業還是繼續用「天行者」的名號嘛****！

喬治・盧卡斯*** 馬奎伊堡莊主

布萊德・彼特、安潔麗娜・裘莉，米拉瓦堡創始人

*** 詳見P.322註釋。
**** skywalker vineyards（天行者葡萄園）。

普羅旺斯的列級認證（cru classé）酒莊已經成為知名國際品牌，猶如波爾多的名酒。

來，把傑夫小丑放來這邊！

奧蕾麗‧貝坦*
聖羅瑟琳堡

嗯？

* Aurélie Bertin

他們各有特色，也各有過人之處，端賴你怎麼看。在聖羅瑟琳堡，我們每年都會贊助一件當代藝術作品。

汗‧狄拉頓（Khan Diraton）是一位了不起的藝術家。他從極簡的視角對我們的美學認知提出質疑。

好極了！

* 在釀酒學中，「清爽」代表平衡和輕盈感。

淬煉頂級玫瑰紅葡萄酒的技術越來越精良，甚至越來越大膽。

如今，像聖羅瑟琳堡這種大規模的玫瑰紅酒廠，都會按照葡萄品種進行風味調配。格那許作為酒體結構，神索提升清爽感*，維蒙蒂諾**帶入果香，慕合懷特具有陳年潛力，堤布宏（Tibouren）代表端正。

再者，為了進一步減低著色，我們將酒桶降溫至3-4°C，維持七至十五天。

滋……滋，好冷。

** 維蒙蒂諾（Rolle）是白葡萄品種，允許在普羅旺斯栽種，但只能用來調配玫瑰紅酒。它能讓酒色變得更淺。

281

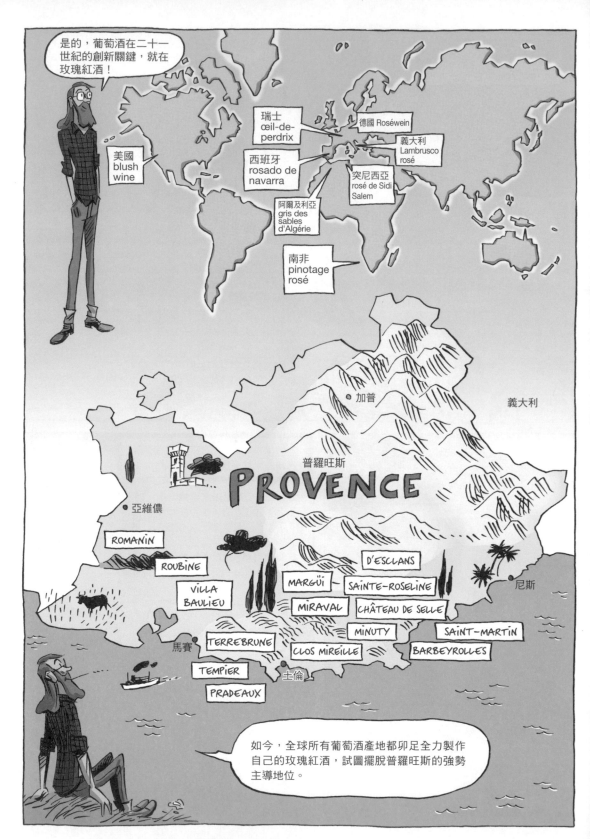

# 第 13 章

# 泡泡小世界

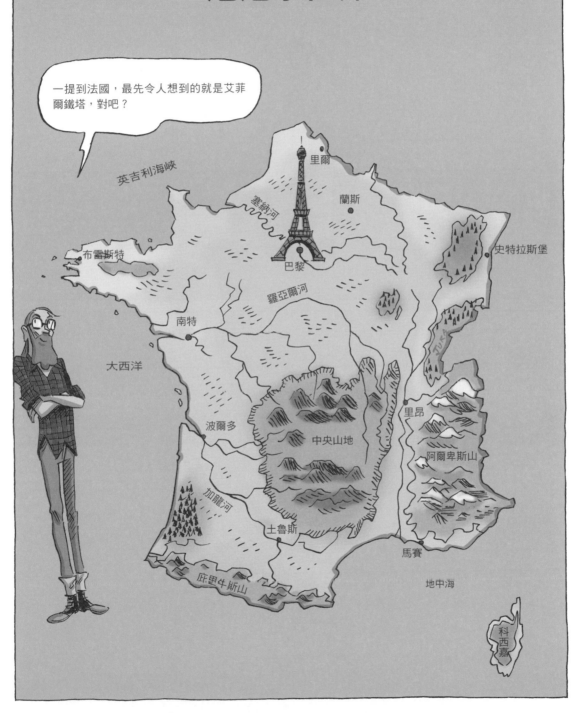

一提到法國，最先令人想到的就是艾菲爾鐵塔，對吧？

英吉利海峽

塞納河

里爾

蘭斯

史特拉斯堡

布雷斯特

巴黎

羅亞爾河

南特

大西洋

波爾多

中央山地

里昂

阿爾卑斯山

加龍河

土魯斯

馬賽

庇里牛斯山

地中海

科西嘉

但是還有另一個代表法國的東西，我們都相當熟悉：香檳，還有它清脆的開瓶聲！

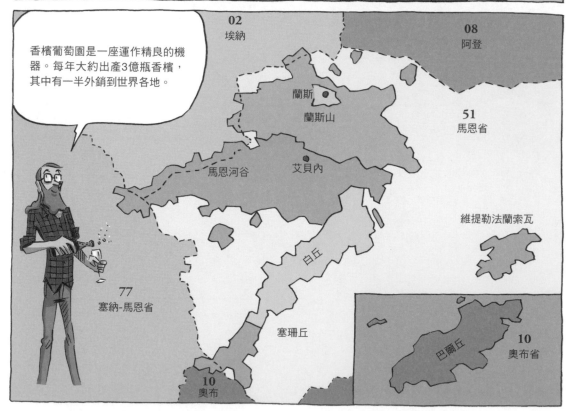

香檳葡萄園是一座運作精良的機器。每年大約出產3億瓶香檳，其中有一半外銷到世界各地。

在葡萄酒的歷史長河裡，香檳的角色獨一無二，儘管它的歷史相對晚近，要到十八世紀末才真正發展起來*。

法國大革命期間，除了少數出入酒莊或修道院的人士，沒有人喝過會冒泡泡的香檳。

* 參閱第8章、P.171起之內容。

香檳最早在知識分子之間流傳，代表了歡聚、慶祝，甚至還助長某些荒唐的行徑。

這種酒簡直是我的寫照：閃亮動人、充滿活力！

法蘭索瓦-馬利·阿魯埃（François-Marie Arouet），號伏爾泰（Voltaire）

沒多久，香檳也成為政治角力場合的必備品。

維也納會議經過八個月的談判，勝利者當初磨刀霍霍的狠勁早就泡沫化了。來，再來一瓶香檳！

塔列朗（Charles Maurice de Talleyrand-Périgord），外交官

然後，香檳成為商務人士不可或缺的伴侶。

再來一瓶！不然，我們會後悔進棺材之前沒喝夠。

凱因斯（John Maynard Keynes），經濟學家

當然，這一切都得歸功於一項了不起的發明：氣泡！

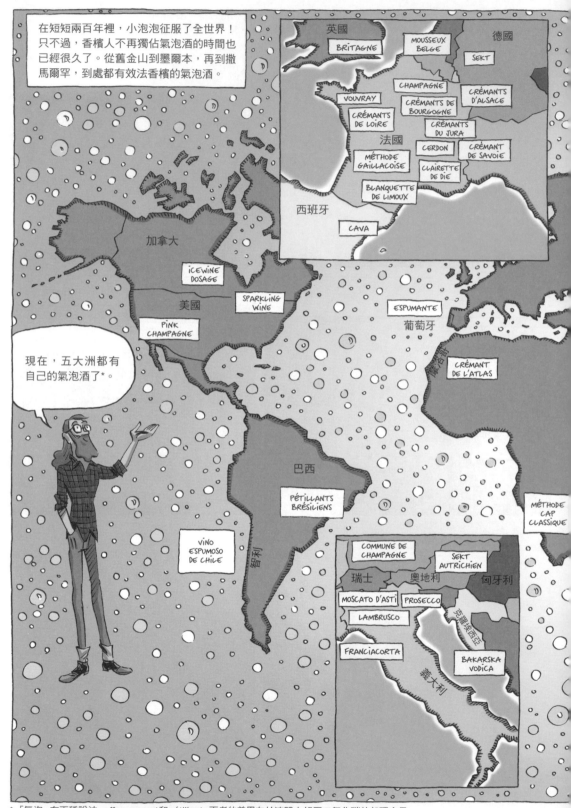

在短短兩百年裡，小泡泡征服了全世界！只不過，香檳人不再獨佔氣泡酒的時間也已經很久了。從舊金山到墨爾本，再到撒馬爾罕，到處都有效法香檳的氣泡酒。

現在，五大洲都有自己的氣泡酒了*。

* 「氣泡」有兩種說法，effervescent和pétillant，兩者的差異在於液體中超壓二氧化碳的起碼含量。
前者在20˚C時為3至3.5大氣壓（取決於品質），後者為1至2.5大氣壓。

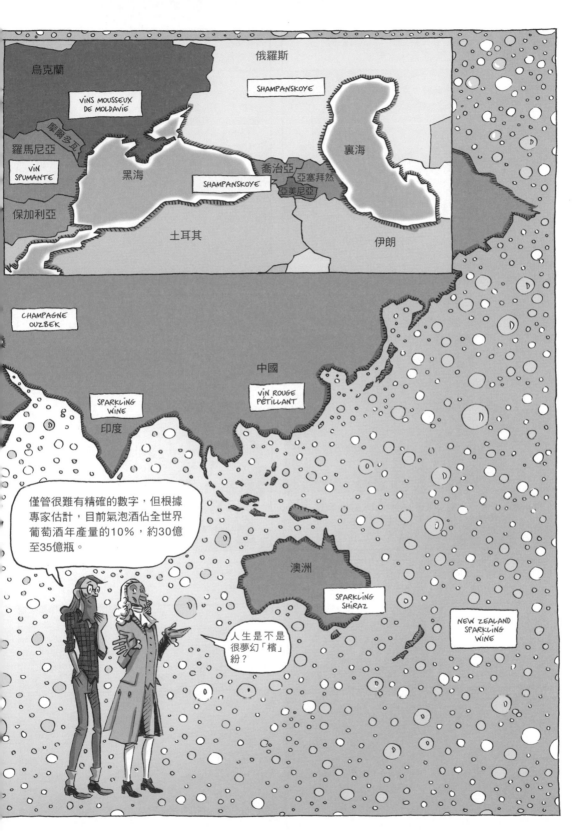

這麼多氣泡酒裡，有些是直接效法「香檳釀造法*」，例如著名的加泰隆尼亞氣泡酒cava。

好在我們是民族主義者，不然它又要被叫作「巴塞隆納香檳」了！

乾杯！

* 參閱P.172。

英格蘭南部新出產的氣泡酒，大多也是採用這種傳統的二度發酵法。

為了不冒犯我們法國的表兄弟，我們想到把自己的氣泡酒命名為「不列檳」（Britagne）**。

就是「不列顛香檳」啦。真聰明！

** 詳見P.322註釋。

當然，還有別種製作方法。例如德國廣泛使用的「夏馬法」***，在大酒槽中進行高壓二度發酵。

發酵為期三週。壓力到達5大氣壓時，我們就停止。

喔！它就像一瓶巨大的香檳，但可別不小心砰開啦。

*** 根據發明者夏馬（Jean-Eugène Charmat）所命名，1907年在蒙彼利埃發明。

和德國氣泡酒Sekt一樣，著名的義大利Prosecco也採用此法，亦稱為「閉槽」發酵法（cuve close）。

酒槽比去年的大了一倍！

Spritz雞尾酒的需求量大增啊。

其他更「巴洛克」的方法也有人使用，例如蘇聯香檳所傳承的「俄羅斯法」，是一套高度工業化的製酒法。

葡萄酒在數個大槽中不斷循環，在持續流動過程中緩緩生成氣泡。隨後直接裝瓶，不去除沉澱物，也不作風味調整。

機器運轉永遠不停止，跟斯達漢諾夫****一樣。

**** 譯註：蘇聯時期的煤礦工，被官方標舉為英雄，以打擊懶惰、鞭策工人提高效率。

也有完全工業化的技術，直接灌氣，在酒中注入二氧化碳。

只要一個小時，白酒就都變成香檳啦！

嘿，你真敢講。

別給我們漏氣喔！

不過我們也別太得意忘形。令男男女女著迷的氣泡，其實老早就存在了。

* 看，果汁在呼吸！ ** 這水有魔法。 *** 我們喝喝看。

長久以來，冒泡泡的液體引起人們恐懼。

這是地獄之門嗎！

看起來像是熱水吧？

早期目擊此現象的酒農，普遍都感到擔憂。

噢，又來了！

一定得再去祭拜歐西里斯。

其實，在漫長的歷史裡，人們並不瞭解發酵的原理，更別提是二次發酵****。

上帝恩施，你看，不再冒泡了。氣泡是魔鬼在作祟。

是，主人。呃…又開始起泡了！

現在你了解氣泡酒在漫長的葡萄酒歷史裡為何很晚才出現吧。

讓我們來看看它誕生的時間和地點。

**** 氣溫回升，尤其在入春時節，休眠的酵母會被喚醒，再次啟動發酵。

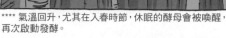

289

約1530年，法國南部一個人跡罕至的山谷，位於利穆（pays de Limoux）的中心地帶。

密涅瓦

卡爾卡松
勞哈蓋茲
奧德
那邦尼
拉克賽斯
利穆
利穆森
科比埃
地中海
庇里牛斯山

聖伊萊爾修道院\*的本篤會修士，數百年來一直踏踏實實地釀著葡萄酒，他們的「利穆森酒」遠近馳名。

\* 詳見P.322註釋。

* Éric Glatre,《葡萄酒的故事》,Félin, 2020.

** 無特定領主之土地,毋須向任何領主支付使用費。

*** 「領事」是當時南法各城市執政官裡的一員,具有實質的影響力。

**** 1578年財務檔案,由Éric Glatre引用(第109頁),同前所引。
***** 老玻璃瓶。

根據多位專家的研究*，早在十六世紀，聖伊萊爾的僧侶就已率先摸索並嘗試複製二次發酵的自然現象。

看到了沒，溫度突然升高，就會再次喚醒我們的白朗凱特。

老師，高溫把惡魔喚醒了嗎？

不不，別再說是誰在作怪。聰明的話，我們自己弄清楚這裡面發生的事，由我們來決定怎麼操作。

我們可以上呈給梵蒂岡，這會變成教宗的泡泡！

關鍵時刻就在冬末。秋末尚未完成酒精發酵的休眠果汁，隨著氣溫回升有時會開始輕微起泡。這大約就是「祖傳法」**的起源，也是釀造氣泡葡萄酒最早的方法。

我先用單一葡萄釀造白葡萄酒。在酒桶中發酵，但不完全發酵，保留了一些糖分。酒桶在酒窖中維持低溫，直到冬季結束。

三月的月亮升起時，我把中斷酒精發酵的果汁裝瓶。二月和四月的月亮都不行！接下來，酒中的糖分會慢慢開始發酵。

我將這些酒瓶放倒在木架上（即橫躺），數月都不去移動，讓白葡萄酒轉變成泡沫充足的氣泡酒，酒精含量至少為5度至8度。

現在有人也將這種方法稱為「鄉村法」或「職人法」**。它跟「香檳法」不同在於，不作額外添加或操作。它的製程公認單純，釀出的酒天然起泡，這種酒也稱為pet' nat'。但別急，後續還有發展呢。

* 例如法國農業學院的學者盧西安·瑟米雄在1928年的演講裡指出，聖伊萊爾修士在1531年就瞭解如何讓當地的葡萄品種「莫扎克」起泡。
** 詳見P.322註釋。

292

同時代各地的葡萄種植者，尤其是北歐的葡萄種植者，對於有些木桶裡的葡萄汁在春天來臨前會開始起泡，已經覺得司空見慣。

吼，放屁小鬼又來搗亂了！

每年三月都要特別小心。

「放屁小鬼」是亨利·德·安德利的寓言故事《葡萄酒之戰》裡面為馬恩河葡萄酒的故事起的綽號*。寫作於1223年。

當地的葡萄品種「弗羅門托」是灰皮諾的舊名，有很強的發泡傾向！

* 詳見P.322註釋。

歐洲各地都可見具有發泡傾向的葡萄酒。首先是義大利，當地早就有人談到了酒中氣泡，且說它們是微氣泡酒（frizzante）和普羅塞克氣泡酒的遠祖吧。

「當酒一被打開，它就把迄今為止一直包藏的靈氣釋放出來，幾乎像暴怒一樣，有如門突然被打開，（…）同時它還湧出大量的泡沫，往瓶子末端奔去，這些騷動的靈氣到處奔跑跳躍，相互碰撞**。」

** Alessandro Petronio撰於1592年，Benoît Musset引述，詳見P.324參考書目。

前面提過***，十七世紀末的英國酒商想出在進口香檳裡加糖的方法，來激發酒的活力，這就是日後「香檳法」的基礎。

英國菜餚的口味對此有決定性的影響。從阿拉伯飲食傳承過來的嗜甜傳統，在這裡仍然十分普及，而此時的法國菜餚，卻盡量不在菜中加糖****。

多加一點，彼得，讓它的氣噴得更凶！

好在我們比法國人更喜歡甜的東西。

*** 參閱P.171-172。

**** 《料理小史》第120頁，詳見P.324參考書目。

很久以後，人稱「唐培里儂」（Dom Pérignon）的皮耶·培里儂才被冠上香檳發明人的封號，還被捧為香檳守護聖人。

他在酒窖裡祕密發明了氣泡！

大錯特錯，我們前面已經看過了。

他有深知灼見，開鑿了香檳酒窖！

假新聞。這麼做的是慧納神父。

他發明了軟木塞。

一派胡言，這是英國人的發明。

他靈機一動發明了瘦長香檳杯。

呸……那是兩個世紀以後的事了。

他的名字變成了一個昂貴的品牌！

嘿，沒錯！

十九世紀初一位跟奧維萊爾的培里儂神父具有遠房後裔關係的唐格羅薩，是這段神話的始作俑者，當今的香檳業者毋寧也樂觀其成。

不論如何，由於有香檳釀造法出現，才有十八世紀的酒廠企業勃興，確保香檳商業拓展一路平順，一切都得歸功於這個了不起的創新*。

**十八世紀末最早的香檳酒莊**

這些品牌是不是都耳熟能詳？全都是當今市場上的明星。

HEIDSIECK MONOPOLE, 1785

LANSON, 1760

**REIMS**
蘭斯

LOUIS ROEDERER, 1776

TAITTINGER, 1734

CLICQUOT, 1772

維勒河

**ÉPERNAY**
埃佩爾奈

PIPER-HEIDSIECK, 1785

HENRI ABELÉ, 1757

MOËT, 1743

RUINART, 1729

CHANOINE FRÈRES, 1730

JACQUESSON & FILS, 1798

馬恩河

奧熱河畔勒梅尼勒

**LE MESNIL-SUR-OGER**

馬恩河畔沙隆

**CHÂLONS-SUR-MARNE**

DELAMOTTE, 1760

然而在那個時代，氣泡香檳遠遠不是當地所產葡萄酒的大宗。事實上，當時的「香檳」有三種。

首先，有傳統白葡萄酒（後來稱為「靜悄悄」白酒），即沒有氣泡的白酒。這種白酒名為「席勒里」（Sillery）酒*，它可是法國最著名的名酒之一。

接著是香檳紅酒，產量最大，實力與伯恩丘的淡葡萄酒在伯仲之間，在宮廷中十分受歡迎。

最後才是全新的氣泡香檳，小名「瓶塞飛」，價格不菲，但深受浪蕩派和貴族喜愛。

當時的香檳酒窖還在摸索如何釀造氣泡酒，每天都有瓶塞爆開的情況發生，這也說明了它為何如此稀有且昂貴。

根據年份和酒廠的不同，損耗率大約在20%到80%之間。

如果沒有戴上專門設計的鋼絲防護面罩，沒有人願意冒險下到坑道**。

* 詳見P.322註釋。
** Hugh Johnson, op. cit., P.330起之內容。

跟我們今天認識的香檳相比，這都還算是遙遠的開端。香檳的泡泡較粗，酒體不穩定，每批的味道也不盡相同。

更能夠突顯香氣和氣泡的香檳杯，要到下個世紀中葉才開始流行。

這段期間，歐洲各地的王室已開始學習品嚐這種新穎的氣泡酒。普魯士國王腓特烈・威廉二世甚至委託科學家探究其奧祕。

各位，普魯士期待你們的作為。

它並不缺空氣，泡泡是給它自己吃的。

香檳甚至也傳到遙遠的俄羅斯宮廷。在葉卡捷琳娜二世的統治下，令人望而生畏的女皇為她的宮中情人準備這款飲料，喚醒他們的熱情。

喝吧，我的朋友，否則你的命運會跟法國可憐的路易十六一樣，在上斷頭台前被人送上最後一杯酒。

隨著第一帝國建立，氣泡香檳也打入新興貴族的生活圈。拿破崙經常在埃佩爾奈駐留，接受其友人、也是埃佩爾奈市長讓-雷米・酩悅（Jean-Rémy Moët）的招待，酩悅甚至為他在古堡中興建專屬空間。

都是你害的，酩悅，我越來越常來這裡逗留，會誤了我上戰場！

這裡永遠為皇帝和家眷提供香檳⋯⋯

氣泡香檳通往娛樂產業的最後一步，得歸功於一位傳奇人物，芭比-尼寇·龐薩丹（Barbe-Nicole Ponsardin），也就是大名鼎鼎的「凱歌寡婦」（veuve Clicquot），她的天分可不止於發明粉紅香檳*。

1805年她成為寡婦，年僅27歲。她很快便意識到自己必須順應地緣政治的潮流，將生意轉為以出口為主。

我們在聖彼得堡的連絡人告訴我，女皇即將生產，慶祝活動會用掉數千瓶香檳！

她的人馬永遠跟在帝國部隊之後，隨時幫客戶下單。龐薩丹香檳儼然成為新歐洲最名聲遠播的飲料。

這裡是三十桶、兩個月內交貨的訂單。

恐怕需要您立即付款……我們擔心您在這裡撐不了太久。

?!

當俄軍在1814年春抵達蘭斯時，她甚至主動向佔領軍提供氣泡酒，以創造未來的客戶！

今天他們喝酒，明天他們會買酒！

復辟之前（1814），龐薩丹香檳已經在東歐打下穩固的市場，在它著名的黃色酒標之下，以一種特殊風味迷倒了大眾：酒精和甜味。

然後加入糖漿。這裡面總共加了糖、淡紅葡萄酒和烈酒。

真特別的雞尾酒。

這個香檳跟我們的香檳截然不同。它就像蘇玳貴腐酒（Sauternes）那麼甜！

* 混合了白酒與紅酒的香檳，參閱P.262。

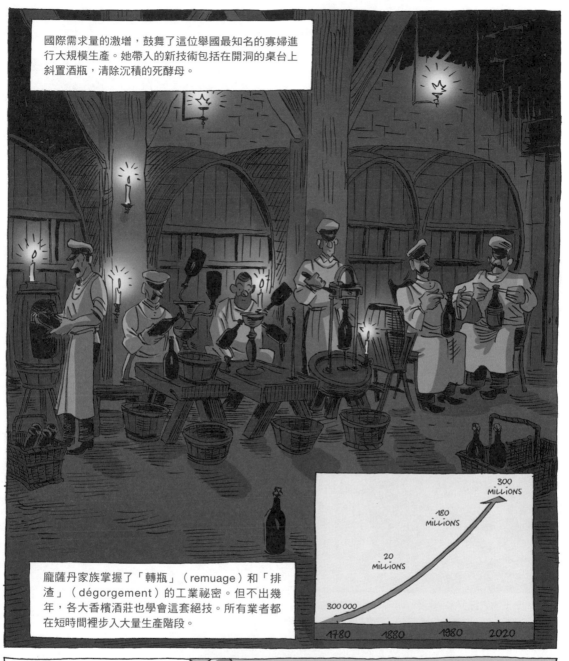

國際需求量的激增，鼓舞了這位舉國最知名的寡婦進行大規模生產。她帶入的新技術包括在開洞的桌台上斜置酒瓶，清除沉積的死酵母。

龐薩丹家族掌握了「轉瓶」（remuage）和「排渣」（dégorgement）的工業祕密。但不出幾年，各大香檳酒莊也學會這套絕技。所有業者都在短時間裡步入大量生產階段。

300 MILLIONS

180 MILLIONS

20 MILLIONS

300 000

1780　1880　1980　2020

凱歌酒廠勇於突破既有格局，還帶來另一個較少人注意到的影響。那就是，氣泡酒廠開始在香檳區以外的地方出現了。

近水樓臺先得月。1820年代之末，曾任凱歌香檳高層的格奧格·克里斯蒂安·凱斯勒（Georg Christian Kessler）在斯圖加特附近的埃斯林根創建了德國第一家氣泡酒廠。

美茵茲
海德堡
斯圖加特
法國
德國

這些酒桶要運往俄羅斯嗎？

對，去聖彼得堡。

德國，至少用氣泡酒征服俄羅斯沒有問題！

親愛的芭比-尼寇，沒有妳，哪有我！

凱斯勒迅速從家鄉開始擴張產業，複製香檳模式。他所在的巴登-符騰堡，有著悠久的葡萄種植傳統\*。

自然，我優先選用當地的葡萄品種。

反之，他製作氣泡酒的方式完全承襲香檳釀造傳統。

克萊夫納
（白皮諾）

麗絲玲
（中世紀就有的著名品種）

塔蜜娜
（類似亞爾薩斯的格烏茲塔蜜娜）

艾布玲
（摩澤爾河谷的傳統品種）

古特黛
（中世紀著名的食用葡萄）

\* 參閱P.110起之內容

300

凱斯勒氣泡酒成就了歷史典範，它成為香檳區之外的第一個國際品牌氣泡酒。在接下來兩百年裡，伴隨德奧氣泡酒（Sekt）產業的發展，凱斯勒在德國各地不斷被複製。

凱斯勒在去世前一年，他被未來的國王威廉一世封爵。威廉也是他的大客戶之一。

1850年。在萊比錫博覽會上推出同業之中的第一個品牌「凱斯勒酒藏」。

1904年。推出兩個侍酒小童形象"Piccolos"，隨即成為著名的廣告商標。

1929年。著名的齊柏林飛船環球飛行，由凱斯勒氣泡酒供應飛船上之飲料。

事實上，在所有受德國影響的葡萄種植區域裡，都在很短的時間裡移植了氣泡酒生產模式。在奧地利，施倫伯格（Schlumberger）氣泡酒的歷史與凱斯勒驚人地相似。

我是斯圖加特人，但我的職涯啟蒙是從慧納香檳*開始的。

1842年，在我的維也納愛妻挹助下，我在弗斯勞創立了奧地利第一家氣泡酒廠。

我們將香檳釀造法應用於本地常見的葡萄品種「藍葡萄牙」，別被它的名字誤導了！它是一種非常當地的品種。

又是一次漂亮的技術轉移！

維也納

N

S B

奧地利

* 慧納是第一家氣泡香檳酒莊，成立於1729年。

在盧森堡公國，酒農早已採用了香檳法，也構成未來盧森堡氣泡酒的歷史基礎。

現在連勃根地都在應用香檳法啦。他們開始推出夜聖喬治氣泡酒嘍！

勃根地人終於也想要一「泡」而紅了。跟匈牙利人一樣嘛！

最不可思議的，是當時許多德國企業家設立香檳酒廠的地點，就是在香檳區！

幸會。我是約瑟夫·伯蘭爵（Bollinger），我也來自巴登符騰堡。

有人看見德茨（Deutz）或庫克（Krug）先生嗎？

這裡的香檳女孩沒有我們德國小姐的屁股翹！

啊！我們夢家（Mumm）是從科隆來的。

沛綠雅（Perrier）？這名字比較適合去做礦泉水吧……

更驚人的是：氣泡葡萄酒的風潮很快就吹到大西洋彼岸。1842年，一位我們已經認得的企業家，尼古拉斯．朗沃斯*推出了第一支純美國出產的氣泡酒。

我們的卡托巴葡萄深受定居在此的眾多日耳曼移民喜愛，緩解了他們對麗絲玲的思念。

所以我們就用卡托巴來釀香檳給他們喝。漂亮！

* 參閱P.186起之內容。

這位美國葡萄酒先驅在釀製氣泡酒上面臨的問題跟歐洲酒廠一模一樣，但他的冒險得到了回報。1850年代他將氣泡酒出口到倫敦，和法國香檳同台競爭。

那該死的二次發酵，讓我有三分之一的瓶子都在酒窖裡爆開了。虧我還特地從香檳區請來釀酒師呢**。

慶幸的是，碩果僅存的酒在美國和英國都大受歡迎。

** 《美國氣泡酒之父》，Nick Fauchald，詳見P.324參考書目。

1860年代，其他先行者也在紐約州打下氣泡葡萄酒的傳統。一開始這種酒叫作「卡托巴氣泡酒」，但維時並不久。

還不如叫它「香檳」吧，它會是一支成功開拓西部的香檳！

我們從凱歌和酩悅請來的專家會為此抓狂！

乾脆我們把本地郵局也命名為「蘭斯」吧，這樣西岸客戶一定會更想跟我們訂購紐約香檳***！

來自紐約的香檳！惱人的問題出現了，但我們稍後再談。

*** Hugh Johnson, op. cit., P.358。

香檳人自己也不斷在追求創新。邁入二十世紀之際，馬恩河畔沙隆一位重要的葡萄酒商（négociant）阿道夫·賈克松（Jacquesson），頗有修繕發明的長才，他帶動了一場小小的革命。

這個照明太巧妙啦，透過反射鏡把外面的光線帶入酒窖裡！

沒錯。不過我還有別的東西要給你們看。

JACQUESSON & FILS.

你知道香檳瓶有綁瓶的問題嗎？

當然知道。繩子容易鬆掉，瓶子的密封性就會變差，如果被老鼠一咬，瓶塞就彈開了。

POP

好啦，我把問題解決了。請看！

?!

POP

這個金屬蓋牢牢將瓶塞按住，蓋子又被網架固定住，整個金屬網被扭緊在瓶身上*。

太巧妙了！老鼠們沒東西吃啦。

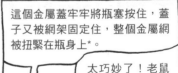

* 故事已加以簡化。這些創新都經過幾年時間的摸索，才成為我們今日熟悉的形式。

賈克松成長於科學主義盛行的世紀。人們對於科學的信仰，直接造福了這個有複雜機制的氣泡葡萄酒產業。

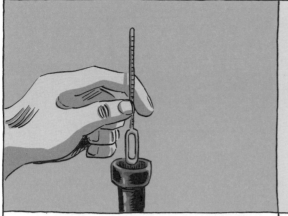

比重計*的發明，讓人們終於能夠精準測量注入酒中的糖分，從而更佳控制二次發酵。

1830年起，經典的蘑菇狀軟木塞問世，起先由兩塊純軟木製成，後來以軟木膠合壓製。

夏普塔爾（Jean-Antoine Chaptal）對於糖分的研究，有效提高了葡萄酒的酒精含量，也改善葡萄酒的保存。

巴斯德致力追求絕對的衛生條件，他的研究最終揭露了千古封藏的祕密，也就是神祕的發酵機制。

但是關於香檳酒最偉大的發明，乍看之下或許是個最不起眼的發明。這又得歸功於另一位，寡婦。

最後，各種為香檳設計的酒杯問世。高腳杯的出現迎來香檳的黃金年代（其實早在上個世紀就已經發明），特別是香檳杯（flûte），突顯香檳酒的璀璨華麗。

* 比重計是多位化學家、物理學家貢獻之下所發明的儀器，其中還包括給呂薩克。

這位寡婦名叫路易絲‧波馬利（Jeanne Alexandrine Louise Pommery）。1858年，她的丈夫亞歷山大在她39歲時過世。他是一位企業家，也是新創的波馬利香檳酒莊合夥人。

克服重重困難，她也成為一名傑出的女企業家，並將原本的品牌Pommery & Greno更名為Veuve Pommery，晉身頂級葡萄酒行列。

我討厭這種甜得要命的氣泡酒。

以父、子之名……

相信自己的膽識，小心男人，尤其是德國男人。用妳自己的名字重新命名公司。

等我不在了之後就輪妳成為新的蘭斯女王！

她憑著敏銳的直覺，推出一款全新的香檳，含糖量極低，成功征服了英國市場。這就是今日大家熟悉的「不甜」（brut）香檳的鼻祖。

這也意味葡萄園經營模式的轉變。不再採摘第一期的早收葡萄，香檳區不行，其他地區的更不行**。

1874年份的香檳好極了！把調整酒*的用量減到最小，然後整批運往倫敦！

可是，夫人……

今後，只能採購最成熟的葡萄，而且要品質最好的葡萄。

呃……這要花很多錢。

事實上，香檳業界的重量級人物多年來一直努力開發甜度較低的香檳，可搭配餐後甜點，也可作為開胃酒飲用。

路易絲‧波馬利的另一項優勢是成功募集資金，讓她有本錢把酒放在岩礦地窖裡陳釀更久。

英國人已經有大量甜酒得以選擇，像是波特酒、馬德拉酒，我們應該提供他們更爽口、酒精含量更低、更不甜的香檳。

1850年之前，皮耶爵、艾雅拉、伯蘭爵、凱歌都已嘗試過生產不甜香檳，但新觀念需要時間才能深入人心。

夫人，為了消化糖分，我們需要更長的時間。

那我們就把酒再放久一點。

我的天……

* 香檳在除渣後補充的酒糖混合液，因此也決定了香檳最後的甜度。

** 當時還沒有法定產區的觀念，因此香檳區可以用羅亞爾河、亞爾薩斯、勃根地的葡萄來製酒。

這些業界先驅不僅開始延長香檳的陳釀時間，還開始利用「儲備酒」進行調配，這樣一來，每年的酒都會呈現一樣的風味。

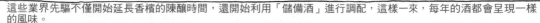

由於蘭斯和埃佩爾奈的企業家們受到前任皇帝眷顧極多，新任的拿破崙三世為了鞏固自身權力，明訂香檳為第二帝國的官方飲料。

十九世紀末明顯構成了時代轉折。過去，香檳是珍稀飲品，只能出口或留給貴族享用；現在，它成為帝國新興中產階級和商界的最愛。

不知不覺間，香檳變成任何重要活動裡的重要助興品。1889年的萬國博覽會上，梅西耶（Mercier）酒廠推出超大型香檳酒桶，一般民眾有了和香檳近距離接觸的機會。

邁入二十世紀之際，香檳產業開始形成今日的規模。

我們的酒窖裡存放了1700萬瓶香檳，每年出口300萬瓶！

我們的採石場地窖裡有1600名工人，酒窖就像工廠一樣在運作！

所以，地表最強的香檳品牌，便叫作酩悅香檳（Moët & Chandon）＊。

＊讓-雷米‧酩悅的兒子和女婿為酒廠的繼承人。

不甜香檳儼然成為錢途光明的獲利模式。加泰隆尼亞企業家率先在佩內德斯（Penedès）的葡萄園進行複製。

佩內德斯產區（加泰隆尼亞）

諾亞河畔聖薩杜爾尼亞

巴塞隆納

雷烏斯

塔拉戈納

地中海

我們當然也採用香檳的二度發酵法，但只使用當地的葡萄品種。

最棒的是我們不必就這個問題舉辦全民公投。好在！

1870年起，聖薩杜爾尼亞（Sant Sadurní d'Anoia）周邊的葡萄園開始生產氣泡酒，這裡也升格為「卡瓦」氣泡酒（Cava）的歷史之都。

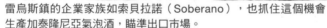

雷烏斯鎮的企業家族如索貝拉諾（Soberano），也抓住這個機會生產加泰隆尼亞氣泡酒，瞄準出口市場。

嗯，好喝。喝起來就像蘭斯的香檳。但是我們的氣泡香檳要叫什麼名字？

當然是「雷烏斯香檳」＊！以後香檳酒吧＊就要賣我們的酒。

哎呀，「香檳」這個字又被濫用，又要引起問題了。但我們還是耐心看下去吧。

＊ 巴塞隆納語即稱為champán de Reus。而香檳酒吧（xampanarias）迄今仍沿用此名。

同時間，另一個知名又古老的葡萄酒產區也開始釀造氣泡酒，那就是義大利，最早是從北義大利開始。

一些北義的氣泡酒從最初便採取香檳法來釀造，如特倫托（Trento）或法蘭契柯達（Franciacorta），他們的目標很明確，要跟法國香檳同台競爭。

但其他地方則採用我們前面提過的新方法，例如「閉槽法」*。

瑞士

法國

米蘭

TRENTO

FRANCIACORTA

PROSECCO

LAMBRUSCO

威尼斯

ASTI

佛羅倫斯

亞得里亞海

科西嘉

羅馬

薩丁尼亞

卡尼亞里

拿坡里

第勒尼安海

普羅塞克（Prosecco）、阿斯蒂（Asti）、蘭布魯斯科（Lambrusco）普遍都採用這種方法，這些明口之星勇於打造不一樣的產品，展現自己獨特的風味。

巴勒摩

西西里島

愛奧尼亞海

*或稱為「夏馬法」，參閱P.288。

309

進入二十世紀後，尤其在二戰結束之後，全球都投入了氣泡酒產業。

在南非，1970年代起用所謂的「傳統法」（Méthode Cap Classique）來釀造果香濃鬱的氣泡酒。

不醉不歸，哈哈哈！

英國人生產氣泡酒（sparkling wine）已經有半個世紀的歷史，葡萄園主要集中於南部，地質條件與香檳區相近。

親愛的，我們使用的葡萄品種原生於德國，就叫作「巴克斯」。有讓你開心吧！

澳洲的葡萄種植傳統歷史悠久*。急起直追的氣泡酒發展迅速，尤其在塔斯馬尼亞。

我們的特產是希哈紅氣泡酒（Sparkling Shiraz），這是一種氣泡紅酒，具有單寧力道，女生也可以喝喔！

智利的「香檳」多用夏多內或當地的派斯葡萄，也有百年的歷史，主要為當地人飲用。

我們不使用皮諾，呃，因為太容易讓人想到皮諾契特**。

* 參閱P.195起之內容。

** 譯註：智利軍事獨裁者，統治智利長達16年。

面對自己的名字被一再濫用，香檳人忍無可忍。他們團結起來，共同捍衛「香檳」名號。在此之前，仿冒行為已時有所聞，行徑也頗為招搖。

我們只不過…

賣自己的名字嘛。

…我們自己名字的香檳啊。

例如十九世紀末，有三個人意圖冒充和自己同名的名牌，法院已判定侵權*。

J. MOËT    L. CLICQUOT    G. RUINART

\* 《香檳與仿冒》，Claire Desbois-Thibault，詳見P.324參考書目。

1930年代，「原產地名稱」認證*誕生，不僅為香檳酒、也為所有葡萄酒制定了一個可遵循的規範框架。

那我們不能再用索米爾或歐塞爾的葡萄來釀香檳嘍？

不行了。這就是關鍵所在。

1956年，十六國在里斯本簽署了第一份多邊協議，保護原產地名稱認證，香檳名列其中。

提醒他們，最早做原產地名稱認證的就是他們，1756年的波特酒。

嘿，錯不了。

算你漂亮。

\* 參閱P.203起之內容。

香檳人也將自家釀酒技術出口到世界各地，但從未把這些酒稱為香檳。譬如酩悅香檳的老闆沃居埃（Robert-Jean de Vogüé）。

我們先在阿根廷設廠，然後拓展至加州、巴西。這將是一個國際品牌的氣泡酒。其他地方，我相信很快也會出現**！

但是「香檳」這個標籤實在太誘人了，效法者的創意也是無所不用其極。

什麼？他們把接骨木果汁汽水裝在香檳瓶裡販售？

而且還是英國人！

\*\* 沃居埃於1976年過世後，酩悅酒廠已經在澳洲、中國和印度生產「香桐」（Chandon）氣泡酒。

美國：
2005年起，美國酒廠不得再在酒標上使用「香檳」一字，除非是2005年前生產的酒，這為他們保留了一些灰色地帶。

英國：
在英國銷售的西班牙香檳成為最早被關注的對象，1960年起已不得再使用此一字眼，但爭端持續到1990年代。

西班牙：
1970年代，加泰隆尼亞同意將香檳改名為卡瓦，如今卡瓦酒儼然成為香檳的實力對手。

法國：
幾起代表性的訴訟案，都讓借用香檳名號的廠商敗訴。例如聖羅蘭（Yves Saint Laurent）非常大膽的「香檳」香水。

俄羅斯：
2021年，俄國政府宣布只有俄羅斯氣泡酒能夠被稱為「香檳」，法國香檳必須稱作「氣泡葡萄酒」*。

我正式向香檳宣戰。從現在起，你們禁用香檳一詞。

畢竟，史達林早就創造了人民香檳！

瑞士：
經過多年抗爭，瓦萊邦的香檳村在2021年喪失在當地出產的無氣泡白葡萄酒上使用「香檳區」（commune de Champagne）酒標的權利。

過去半個世紀裡，香檳人一直在法庭上捍衛自己的名號，一般說來也都相當成功，但偶爾也會碰壁**。

真是個赤裸裸（brut）的世界！

除了香檳，法國還有另一大氣泡酒家族：crémant（用香檳法製造的氣泡酒），這是所有曾經模仿香檳的葡萄園共同留下的遺產。在法國有八大crémant產區，再加上兩個鄰近法國的產區。

瓦隆
crémant

盧森堡
crémant

亞爾薩斯
crémant

勃根地
crémant

羅亞爾河
crémant

汝拉
crémant

眾家crémant總算和香檳達成了協議。過去，crémant曾經是第二次發酵不成功香檳的同義詞，因此曾經有「crémants de champagne」這種次級香檳在市面上出現，但現在已經沒有了。

薩瓦
crémant

波爾多
crémant

迪鎮
crémant

利穆
crémant

從此之後，crémant成為各地出產的標準氣泡酒，也廣受歡迎，因為它們比香檳便宜得多（香檳地區的葡萄價格居高不下）。

生產crémant或類似產品的酒農，都有人物成為產區裡的翹楚。

羅亞爾河蒙路易產區的傑基．布洛（Jacky Blot），著名的「三零」酒（triple zéro）。

汝拉地區的蒂梭（Stéphane Tissot），釀造出具有指標意義的 Extra Brut。

亞爾薩斯的尚保羅．祖斯玲（Zusslin），一位讓所有人都折服的年輕人。

近十年來最新的泡泡趨勢，是在追求「自然」、減少人為干預的氣泡酒，儼然成為巴黎和各地葡萄酒吧關注的焦點。

嗯，這是什麼？

這叫作pet' nat'，它比香檳便宜，而且品質更純。

也就是自然氣泡酒（pétillant naturel）。年輕人，這可是現在最熱門的。

pet' nat'？

CLAIRETTE DE DIE: 16 EUROS

MAUZAC NATURE – DOMAINE PLAGEOLES: 19 EUROS

BLANQUETTE DE LIMOUX: 18 EUROS

PÉTILLANT ORIGINEL MONTLOUIS: 17 EUROS

自然氣泡酒是由新一代「自然」農法酒農釀造的酒，例如西南部加亞克的普拉喬（Bernard Plageoles），他們不願被法定產區的規定所框限。

我們在莫扎克葡萄成熟得剛剛好時採摘，它就會在瓶中自然起泡，不用再人工添加什麼。

現在這種方法已經叫作「加亞克法」（méthode gaillacoise）啦。

神父，這不就是故事一開始的祖傳老方法嗎？

呵…

聖伊萊爾僧侶古老的發明，再次成為二十一世紀葡萄酒吧裡最時髦的酒種。這不就是這本漫畫最雋永的寓意嗎！

一切都榮歸上帝！

# 結語

怎麼樣，親愛的讀者，妳對這趟小小的時空之旅還滿意嗎？

從今以後，我喝到嘴裡的葡萄酒都不一樣了。

這段歷史至今仍持續在書寫，特別是隨著氣候條件的變遷和科技進步。

我們有看到什麼新的趨勢嗎？

有的。葡萄酒正在變得越來越「環保」，回歸自然的種植法，無疑將成為二十一世紀全球葡萄栽植的顯學。此外，我們還看到有一種顏色在世界的各個角落脫穎而出：「玫瑰紅」。它象徵享用葡萄酒已經進入一個「民主化」的新階段，擺脫分級制度和產地命名的框限。最後，氣泡酒在過去三百年來的發展，顯示「泡泡經濟」將會是驅動葡萄酒朝向未來前進的重要引擎。

還有別的嗎？

當然。另一個大趨勢是葡萄酒新闢的疆土。拜技術進步之賜，現在不論什麼地方都可以種植葡萄。西藏，撒哈拉以南的非洲叢林，甚至太平洋上的小島，全都能夠釀酒。這也意味葡萄酒這個史上偉大的飲料將在本世紀結束前完成征服世界的壯舉！

*所以葡萄酒還持續扮演全球經濟活動裡的重要角色。*

的確如此。最好的證明，就是在多方面主導世界經濟的中國，不久之後也可能成為最大的葡萄酒生產者。世界上最大的經濟體，最終皆成為葡萄酒最大的消費者，然後變成最大的生產者，這是一條永恆不變的規則。二十世紀美國的故事就是如此，未來，同樣的情況也可能會在中國發生。

*所以，這本書未來還可能有「增訂版」囉？*

恐怕如此！既然葡萄酒是個讓人說不完的話題，自然就會有下一章嘍。

自然農法的普及化

玫瑰紅酒市場快速成長

氣泡葡萄酒蓬勃發展

葡萄種植突破地理侷限

中國成為全球葡萄酒產業的主角

# 註釋

### 第 15 頁

美國賓州大學的派崔克·麥高文（Patrick McGovern）是一位研究食品及發酵飲品的生物分子考古學家，研究成果舉世公認。他從遠古裡抽絲剝繭，探討人類社會創造食物烹調之謎。從他的研究和他參與的研究裡，證明了釀酒技藝至少在七、八千年前就已存在於高加索南部（特別是喬治亞）以及伊朗山區，而在亞美尼亞和安納托利亞出現的時間可能還更早。

### 第 18 頁

在西元前二十三世紀中期，出現了葡萄酒歷史上最早的書面記載，美索不達米亞地區拉格什城的一位國王烏魯卡基那（Urukagina），自詡「建立了一個啤酒藏窖，儲藏了從山邊運來的、用大甕盛裝的葡萄酒」（édifié le cellier à bière, où on lui apportait, depuis la montagne, du vin par grands vases，J.-R. Pitte引述Jean Bottéro的研究）。這裡提到的山很可能就是伊朗的札格羅斯山脈，同樣是葡萄種植的搖籃。

### 第 20 頁

最早的埃及葡萄酒出現在埃及第一王朝時期（西元前4000年）的阿拜多斯，在接下來的千年裡沿著尼羅河谷發展起來。學者皮耶·塔萊（Pierre Tallet）專門研究古埃及陶罐上的標籤，對不同的葡萄酒做出了描述：正文提到的帕烏爾（paour）是最一般的酒汁，極可能很酸；沙黛（shedeh）珍貴得多，是多年陳年的甜葡萄酒；奈菲（nefer）是最負盛名的酒種之一，可能是不甜的，皇親貴族在飲用時會加入蜂蜜讓口感更甜；而NDM也是身價不凡的甜葡萄酒。

### 第 51 頁

老普林尼（Pliny the Elder）對古羅馬葡萄酒的分級評等是目前已知最早的。法萊娜與索倫託的名酒可長時間存放，前者可放上15年，後者可達25年之久。根據老普林尼的說法，當時這兩塊名產地中已出現名園，像是法萊娜的「弗斯蒂尼安」（Faustinien）。尚羅勃·彼特（Jean-Robert Pitte）在其著作《葡萄酒的誘惑－征服世界的故事》（Le Désir du vin, à la conquête du monde, p.85）轉述考古學家安德烈·切爾亞（André Tchernia）的研究，提到紀年初期的羅馬已有葡萄酒愛好者在家中儲藏數以千計的陳年好酒，並按年分和產地分類。像是西元前50年的律師霍騰修斯（Hortensius）去世時，酒窖裡藏有5萬多支雙耳瓶。

### 第 59 頁

在高盧社會進行羅馬化的時刻，高盧人很可能早就

### 第 91 頁

很少人知道烏茲別克這個國家其實是中亞地區葡萄種植的搖籃。在這個擁有穆斯林傳統的國家，葡萄酒釀造已有約兩千七百年的歷史了。西元前六世紀，猶太人在耶路撒冷聖殿第一次被毀後逃亡來到此地，也讓源自美索不達米亞的葡萄種植與釀酒技術得以在此落地生根。位於絲綢之路上的撒馬爾罕這座古老都城，至今仍是烏茲別克的葡萄種植中心。令人驚訝的是，在突厥斯坦時期（十九世紀末），烏茲別克酒農為了再次推動製酒業，特地從喬治亞引進葡萄品種。而眾所周知，喬治亞原本就是葡萄酒最早的發源地。

### 第 129 頁

名作家阿布·努瓦斯（Abû-Nuwâs），西元八世紀出生於伊朗，他的詩歌絕非循規蹈矩的類型（《寧要女孩不要男》、《一位基督徒之愛》）。西元十一世紀的伊朗人奧瑪·開儼（Omar Khayyam），也是舉世知名的波斯詩人，同時還是天文學家、數學家，名氣響亮的《魯拜集》（The Rubaiyat of Omar Khayyam）其中就有本書的選段。奧瑪·伊本·法里德（Omar Ibn Al-Faridh）是十三世紀住在埃及的阿拉伯神祕詩人，對他來說酒醉與狂喜密不可分，來自《奧祕之醉》（Al Khamriya）的選段印證了這一點。

### 第 140 頁

埃貝爾巴赫（Eberbach）修道院於1136年由派遣至日耳曼地區的熙篤會僧侶團所建立，由聖伯爾納鐸親自指派人選。在幾十年的時間裡，這間修道院沿著萊茵河分枝擴散成兩百間修道院，其中大部分都投入專業的葡萄栽種。休·約翰遜（Hugh Johnson）在《世界葡萄酒史》（Une histoire mondiale du vin, P.136）中指出，這一整片的葡萄園構成了十二、十三世紀全世界最重要的葡萄酒產地，也奠定了萊茵河谷當今強大的葡萄園基礎。

### 第 158 頁

在英國家喻戶曉、在法國卻籍籍無名的肯奈姆·迪格比（Kenelm Digby），是現代葡萄酒瓶之父，英國國會在十七世紀末表彰了他的貢獻並賦予這個頭銜。迪格比是外交家、冒險家、科學家，他革命性

的玻璃廠採用煤炭而非木頭燒窯，獲得極高溫的熱熔玻璃。最初他製作的玻璃瓶是黑色的，係因玻璃的基礎原料矽石中含有鐵元素。最初製作的玻璃瓶容量就已接近3/4公升（今定為750ml），亦即每人每天葡萄酒之平均攝取量。

## 第 167 頁
1525年，波爾多法院書記官尚‧德‧龐塔克從聯姻獲得了佩薩克鎮的土地，於是他闢建古堡，創立歐比昂（Ho-Bryon）莊園（建築物成為酒標上的標記）。不過到了十七世紀中，他的後代阿諾‧德‧龐塔克三世（Arnaud III de Pontac）才讓酒莊名聲遠播。阿諾三世開創了「法國新紅酒」，在上市之前必須經過陳年，瓶身標上了莊主名，強調原產地，並成為「風土產地」概念的先驅。1666年，即倫敦發生大火當年，阿諾德三世的兒子法蘭索瓦-奧古斯特在倫敦定居，並開了一家餐廳Pontac's head，哲學家洛克光顧過。這是倫敦史上的頭一家「餐廳」（restaurant）。

## 第 170 頁
路易-法蘭索瓦‧德‧波旁-孔蒂（Louis-François de Bourbon-Conti）在1760年煞費苦心取得了「羅曼尼」（la Romanée），其實這塊小小的葡萄園從中世紀就已經赫赫有名了。十三世紀時它被稱為克魯地，歸聖維旺修道院所有。孔蒂親工把這裡的產酒作為個人餐酒專用，故將自己的姓氏放入莊園中。今天，「羅曼尼康帝」酒是這裡出產最有名的葡萄酒。莊園簡稱為DRC，也釀造拉塔許（La Tâche）、艾雪索（Échezeaux）和蒙哈榭（Montrachet）等產區酒。DRC是全球最頂級的葡萄酒，單瓶的價格不斷突破炒作紀錄。2017年，一瓶1999年分的「耶羅波安瓶」（3公升裝）的DRC酒在日內瓦拍賣會上以76,300歐元成交，相當於一間小型公寓的價格！

## 第 172 頁
克里斯多夫‧梅雷特（Christopher Merrett），這位英國科學家是英國人在尋找自身葡萄酒認同時，重新從歷史裡挖掘出來的另一位名人。令人愉悅的氣泡酒，即得益於他的貢獻。歷史學家湯姆‧史蒂文森指出這位自然學家（也投入玻璃鑄造研究）在倫敦率先研究出氣泡酒的製法，也就是日後著名的「香檳法」。後來便有一些好事的英國人，提議將英國的氣泡酒改名為「梅雷特」酒，以和法國的香檳酒有所區別。

## 第 185 頁
卡托巴（catawba）這個純美國的原生品種，其發現得歸功於喬治城的幾何學家約翰‧阿德勒姆。長期以來阿德勒姆一直受到傑佛遜的支持，進行葡萄試驗。這個品種是阿德勒姆在馬里蘭州發現，但植株是從北卡羅來納州移植過來的，因此很可能是由傳統的美洲品種labrusca與當時未被記錄的其他本土種雜交而成（見H. Johnson, p. 356），也有可能是labrusca與地中海葡萄vinifera的雜交種。無論如何，在他離世前的三年，卡托巴葡萄得以讓傑佛遜實現其畢生之夢想——喝一口真正的美國好酒。

## 第 215 頁
小羅伯特‧帕克（Robert Parker Jr），1947年出生於巴爾的摩，是當代最有名的葡萄酒評論家。在他的《葡萄酒推薦指南》（The Wine Advocate）雜誌和《帕克指南》（Guide Parker）中，他和團隊以百分制為上萬支葡萄酒作了評分，這項創舉奠定了他的全球聲譽。三十年後的今天，獲得滿分100分殊榮的葡萄酒共有452支，其中以波爾多、加州、隆河谷地的葡萄酒佔了大宗。

## 第 225 頁
漢斯‧米勒（Hans Müller）與瑪麗亞‧米勒（Maria Müller）夫婦是瑞士人，二次大戰之前的有機農業先驅。漢斯是植物學家，也是自然科學教授和政治家。他倡導小農自給自足、短程物流、和零化學農業。瑪麗亞是園藝師，專攻健康促進及健康飲食。兩人的研究貢獻至今仍然在全球各地持續發酵。

## 第 244 頁
「純素」葡萄酒（vin végan）是指100%不含動物性蛋白的葡萄酒。有一個不為人知的事實是，大部分葡萄酒都含有動物殘留物，像是魚膠、蛋白、軟骨等。這些物質主要在澄清酒汁的工序裡會用到，在酒槽或酒桶中注入聚合劑，濾掉懸浮微粒。純素葡萄酒一般都是有機或對生態負責的酒，在歐洲的斯堪地那維亞半島及英國有很大的市場。

## 第 258 頁
法蘭西島的葡萄園（vignoble d'Île-de-France）早在克洛維（Clovis）的時代就已經存在。羅馬帝國末期，普羅布斯皇帝頒布的詔書恢復了高盧地區重新栽種葡萄的權利（詳見P.76），法蘭西島的葡萄園便從這個時期發展起來。查理曼大帝時期，聖德尼修道院的修士開墾了巴黎最早的大型葡萄園區，他們釀造的葡萄酒遠銷至法蘭德斯和英格蘭。修道院在皮埃爾菲特、德伊、格羅斯萊、蒙莫朗西、阿強忒伊等地擁有葡萄園，這些地方在一千年前已經是名聞遐邇的園區。中世紀的巴黎，周邊包圍了這些生產「法蘭西葡萄酒」的園區，產地重要性不下於今日的波爾多和伯恩丘。當時栽種的品種，

如弗羅門泰爾、莫里雍、古艾，現在雖然已被人們遺忘，幾個世紀以來其實是著名的品種。十七世紀末，阿強忒伊出現了「玫瑰紅葡萄酒」的釀酒傳統，並且就命名為玫瑰紅。十九世紀中葉，法蘭西島地區的葡萄園面積達到五萬公頃，是法國最大的葡萄園區。它的消失起因於根瘤蚜蟲，以及，鐵路的出現，鐵路也一下子就把朗格多克爽口的葡萄酒輕鬆載運到法國北部。

### 第 266 頁

馬塞爾‧奧特（Marcel Ott）是一名農業工程師，畢業於亞爾薩斯，主修釀酒學。1896年他完成了全法國包括阿爾及利亞在內的各省葡萄園巡禮。在普羅旺斯，他發現了一塊經過根瘤蚜蟲危機後重建的葡萄園，每公頃地的價格非常低，充滿無限潛力，讓這位手頭並不寬裕的新鮮人得以在此定居創業。身為優秀的北部釀酒師，他製作的普羅旺斯白酒被上流社會搶購一空。於是他將自己的釀酒法應用在鄉下葡萄園「不入流」的玫瑰紅酒上，為普羅旺斯玫瑰紅酒奠定了成功的基礎，日後在全世界大紅大紫。

### 第 280 頁

喬治‧盧卡斯（George Lucas）是眾多熱愛法國葡萄酒的好萊塢明星裡的其中一位，這些明星直接投資法國的莊園，尤其鍾情於南部的酒莊，像是布萊德彼特、安潔莉娜裘莉、喬治克魯尼、雷利史考特、約翰馬可維奇、李奧納多狄卡皮歐等。但是「星際大戰」的創造者更勝一籌的地方在於，他為此成立了專屬企業「天行者葡萄園」（Skywalker Vineyards），在世界上多個產區（加州、翁布里亞、普羅旺斯）擁有葡萄園，並充滿雄心地追求優質葡萄酒。

### 第 288 頁

「不列檳」（Britagne）之名採行於2010年代初期，這是部分英國氣泡酒界人士（例如安盛集團下的安盛酒業負責人、無懈可擊的克里斯蒂安‧席利）自發性的重新命名行動。也有部分人士支持「梅雷特」（Merret）之名，這位英國學者首度在1662年在倫敦對香檳氣泡現象提出理論解釋（參閱P.172）。最後，酒標上決定採用的標示是「大英古典法」（Great British Classic Method）。

### 第 290 頁

聖伊萊爾（Saint-Hilaire）修道院的僧侶可能是最早明瞭氣泡機制的酒農。利穆葡萄酒同業協會在十多年前從一份日期追溯至1544年的古法文手稿裡，發現其中提到向阿爾克先生出貨「白朗凱特」（blanquette）。這比倫敦的梅雷特或奧維萊爾的培里儂神父的成就早了不止一個世紀！

### 第 292 頁

「祖傳釀造法」（méthode ancestrale）無疑是史上最古老的氣泡酒釀造法，是由利穆地區聖伊萊爾修道院的修道士們發明的。這是一種自然的發酵法，按傳統方式製作出白葡萄酒後直接裝瓶。果汁中殘留的糖分和天然存在的酵母會在冬季結束後進行第二次發酵，形成氣體和小泡泡（不添加甜酒，不進行除渣）。不同的地區有時也把這種釀酒法稱為「鄉村法」（méthode rurale）或「職人法」（méthode artisanale）。

### 第 293 頁

韻文故事《葡萄酒之戰》（La Bataille des vins）作於約1223年，作者署名亨利‧德‧安德利（Henri d'Andeli），書中史無前例列出了十三世紀初法國各地重要的葡萄園。當時法國各地區的劃分方式跟現在頗不相同。西南部絕大部分仍歸英國人統治，波爾多酒主要供應英倫各島。因此書中「評等」的葡萄園範圍主要涵蓋了普瓦圖、羅亞爾河、法蘭西島、香檳區、和亞爾薩斯。

### 第 296 頁

「席勒里」之名來自於貴族布呂拉爾家族（位於韋爾澤奈），十七世紀下半葉獲得一名不凡女性的青睞因而身價非凡：艾思特雷元帥夫人（maréchale d'Estrées）。她是香檳區的第一位女明星，儘管已逐漸被世人淡忘。

### 第 313 頁

2022年初俄羅斯入侵烏克蘭。如果一併審視普丁在2021年夏天做出獨厚俄羅斯氣泡酒的決定，格外突顯事件之意義。根據克里姆林宮主人親自簽署的法令，日後市面上只有俄羅斯生產之氣泡酒，得在酒標上使用西里爾字母「shampanskoye」（俄語「香檳」之意）作為標示，其餘不論是正牌香檳或其他地區的氣泡酒，都只能使用「氣泡酒」的字樣。蘭斯同業公會對此忍無可忍，大動作提出抗議。俄烏戰爭爆發前，巴黎和莫斯科達成暫停實施這項措施的協議。事實上，俄羅斯的「香檳絲克伊」傳統由來已久，早在十九世紀他們就認識了這種飲料，史達林時期更將國產「蘇維埃」香檳打造成人民的氣泡酒。俄羅斯的氣泡酒消費量相當驚人（每年約3億瓶），但正牌的「香檳」卻很低（出口量為170萬瓶）。普丁對法國香檳發起的戰爭，顯然是一場象徵層面的戰爭。

# 參考文獻

《漫畫葡萄酒小史》一書以歷史沿革為線索，因此主要以專家的分析與敘述為基礎。其中有三本精彩的著作，對我格外具有啟發性：
1) *Le Desir du vin, a la conquete du monde,* de Jean-Robert Pitte (Fayard, 2009)；
2) *Une histoire mondiale du vin, de l'Antiquite a nos jours,* de Hugh Johnson (Hachette, 1990)；
3) *Histoire de la vigne et du vin en France, des origines au xixe siecle,* de Roger Dion
(CNRS Editions, 2010, reedition).

此外，我自然也從這本葡萄酒愛好者必備的書裡汲取養分：
*Voyage aux pays du vin. Histoire, anthologie, dictionnaire,* sous la direction de Françoise Argod-Dutard, Pascal Charvet et Sandrine Lavaud (Robert Laffont, coll. « Bouquins », 2007).

最後，下附各章節的參考書目及文章列表（按作者姓氏排序）：

## 書目

Jean Boutier (dir.), *Grand atlas de l'histoire de France,* Autrement, 2011.
Georges Duby, *Grand atlas historique. L'histoire du monde en 473 cartes,* Larousse, 1978.
Alexandre Dumas, *Grand dictionnaire de cuisine,* Phébus, 2000 (réédition).
Euripide, *Les Bacchantes,* Les Éditions de Minuit, 2005 (réédition).
Charles Frankel, *Terre de vignes,* Seuil, 2011.
Éric Glatre, *Histoire(s) de vin. 33 dates qui façonnèrent les vignobles français,*
Éditions du Félin, 2020.
Hésiode, *Théogonie - Les Travaux et les Jours - Bouclier,* Folio Classique, 2001.
Hugh Johnson et Jancis Robinson, *Atlas mondial du vin,* Flammarion, 2002.
Nicolas Joly, *Le Vin, la vigne et la biodynamie,* Sang de la Terre, 2017.
Don et Petie Kladstrup, *La Guerre et le Vin,* Perrin, 2005.
Matthieu Lecoutre, *Atlas historique du vin en France. De l'Antiquité à nos jours,*
Autrement, 2019.
Aymeric Mantoux et Benoist Simmat, *La Guerre des vins,* Flammarion, 2012.
Elin McCoy, *The Emperor of Wine. The Rise of Robert M. Parker, Jr., and the Reign
of American Taste,* HarperCollins, 2006.
Patrick E. McGovern, *Naissance de la vigne et du vin,* Libre & solidaire, 2016.
Benoît Musset, *Vignobles de Champagne et vins mousseux. Histoire d'un mariage de raison
1650-1830,* Fayard, 2008.
Didier Nourrisson, *Une histoire du vin,* Perrin, 2017.
Louis Orizet, *La Belle Histoire du vin,* Le Cherche-Midi, 1993.
Robert Parker, *Guide Parker des vins de France,* Solar, 2009.
Émile Peynaud, *Le Goût du vin,* Dunod, 1980.
Jean-Robert Pitte, *La Bouteille de vin. Histoire d'une révolution,* Tallandier, 2013.
Bernard Pivot, *Dictionnaire amoureux du vin,* Plon, 2006.
Michel Rolland (avec Isabelle Bunisset), *Le Gourou du vin,* Glénat, 2012.
Tom Stevenson, *Christie's World Encyclopedia of Champagne and Sparkling Wines,*
Absolute Press, 2002 (réédition).
Gil Rivière-Wekstein, *Bio, fausses promesses et vrai marketing,* Le Publieur, 2011.
Benoist Simmat et Stéphane Douay, *L'Incroyable Histoire de la cuisine,* Les Arènes, 2021.
Rudolf Steiner, *Agriculture : fondements spirituels de la méthode bio-dynamique,*
Éditions anthroposophiques romandes, 1984.

**文章**

Pierre Boyancé, «Platon et le vin», Bulletin de l'association Guillaume Budé, *Lettres d'humanité*, n° 10, décembre 1951.

Jean-Pierre Brun, «La viticulture en Gaule : testimonia», *Gallia*, t. 58, 2001.

Michel Chevalier, «Le vignoble du Jura», *Revue géographique de l'Est*, 1963.

Claire Desbois-Thibault, «Le champagne et la fraude», *in Fraude, contrefaçon, contrebande. De l'Antiquité à nos jours*, Gérard Béaur, Hubert Bonin, Claire Lemercier, *Librairie Droz*, 2007, p. 593-602.

Roger Dion, «Les origines du vignoble bourguignon», *Annales. Économies, Sociétés, Civilisations*, 5ᵉ année, n° 4, 1950.

Nick Fauchald, «The Father of American Sparkling Wine», *www.winespectator.com*, 28 juin 2004.

Albert Henry, «Un texte œnologique de Jofroi de Waterford et Servai Copale», *Romania*, 1986.

Jacques Heurgon, «L'agronome carthaginois Magon et ses traducteurs en latin et en grec», *Comptes rendus des séances de l'Académie des inscriptions et belles-lettres*, 120ᵉ année, n° 3, 1976.

Corinne Lefort, «Le rosé, savoureux comme l'antique», *larvf.com*, 2012.

Élise Marlière, «Le tonneau en Gaule romaine», *Gallia*, t. 58, 2001.

Évelyne Mayer, «Salut Socrate ! Le Symposion de Platon adapté pour la scène», *Cahiers du Centre de traduction littéraire de Lausanne*, Michael Groneberg éd., n° 51, 2010.

Ophélie Neiman, «Les Pet'Nat détrônent champagnes et crémants», *Le Monde*, 27 avril 2018.

Daniel Noël, «Le vin mélangé entre Dionysos et la cité», *Pallas*, n° 48, 1998.

Marin Wagda, «L'interdiction coranique des boissons fermentées», *Hommes & Migrations*, n° 1216, 1998.

**文獻**

Ehrenfried Pfeiffer, *L'impulsion de Rudolf Steiner en agriculture* (non daté).

Document dactylographié de François Bouchet (sans titre, daté du 4 juillet 2002).

*La bio dans l'Union européenne*, Agence Bio, 2016.

Jean Foyer, *Syncrétisme des savoirs dans la viticulture biodynamique*, Revue d'anthropologie des connaissances, 2018.

**有聲資料**

«Champagne !», *Les Bonnes Choses*, Caroline Broué, *France Culture*, 29 décembre 2019.

«Louise Pommery, une veuve à la conquête du champagne», *Autant en emporte l'histoire*, Stéphanie Duncan, *France Inter*, 20 octobre 2019.

# 致謝

在踏上這條不可思議的「世界葡萄酒歷史」之路的過程中,許多釀酒師以及葡萄酒領域的專業人士都給予了我直接或間接的幫助,在此我希望對他們表示感謝,特別要感謝(按字母順序):
波爾多樂譜伊堡(château Le Puy)的Jean-Pierre Amoreau、普瓦圖安普尼酒莊(Ampelidae)的Frédéric Brochet、沙龍與德拉莫特香檳(Salon & Delamotte)的Didier Depond、勃根地路易拉圖酒莊(Domaine Louis Latour)的Louis Frabice Latour、門多薩蒙特維霍酒莊(Bodega Monteviejo)的Henri Parent、巴黎菲洛維諾酒窖(Philovino)的Bruno Quenioux、敘利亞芭 吉露酒莊(château Bargylus)的Karim & Sandro Saadé、索諾瑪真理酒莊(Vérité Wines)的Pierre & Monique Seillan、香港巴黎葡萄酒學院(École du vin Paris-Hong Kong)的Olivier Thiénot。

此外,出版方面,我的編輯Laurent Muller,一直是我忠實且堅定的支持者,在此我也向他表示感謝。2010年開學季,我們第一次嘗試在法文漫畫領域宣傳介紹葡萄酒的世界,與12bis共同合作出版《羅伯特·帕克,七宗醉》(Robert Parker, les sept péchés capiteux)一書時,我們也保持了一貫的熱情。同時我也要感謝Anaïs Paris認真負責的審校工作。

如果說「美酒取悅人心」,那麼好的出版社可以愉悅作者手中的筆。這裡我還要感謝Laurent Beccaria、Jean-Baptiste Bourrat、Jean-Baptiste Noailhat、Isabelle Mazzaschi、Laurence Zarra以及雅各布街傳播團隊(Rue Jacob Diffusion)。

另外也要特別感謝杭布雷希特酒莊(domaine Zind-Humbrecht)的Olivier Humbrecht以及賈克·賽洛斯酒莊(domaine Jacques Selosse)Anselme Selosse,感謝他們提供的有關生態葡萄酒的發展歷史與細節。

最後,當然也要向藝術家致敬,感謝丹尼爾·卡薩納韋,2017-2019三年裡大部分時間都貢獻在本書的創作中,我還要向Patrice Larcenet、Amélie Lefevre、Christian Lerolle、Robin Millet舉杯致敬,他們漂亮地完成了本書的上色工作。

**本諾瓦·西馬  2019年6月1日**

第三版首先要感謝獨立記者Karine Valentin，她也是加爾欣尼葉堡（château des Garcinières）的共同園主，還有《法蘭西葡萄酒評論》（La Revue du vin de France）的記者和品酒員Alexis Goujard。在他們的協助下，我們處理這個主題更加得心應手。

此外，巴貝羅爾堡（château Barbeyrolles）的Régine Sumeire、奧特酒莊（domaines Ott）的Jean-François Ott、釀酒師兼酒農的Olivier Nasles，感謝他們提供的歷史見解和文獻資料。邦斗爾丹碧園（domaine Tempier [Bandol]）經理Daniel Ravier和邦斗爾葡萄酒之家（Maison des Vins de Bandol）經理Pascal Pèrier幫我們梳理了一些人物背景。博里歐別墅（Villa Baulieu）的Pierre Guénant也為我們提供了線索。

最後，感謝普羅旺斯的園主及其團隊，感謝他們的接待和提供的知識：羅曼寧堡（Château Romanin）園主 Anne-Marie Charmolüe、釀酒主任Théo Buravand；聖羅瑟琳堡（Château Sainte-Roseline）園主 Aurélie Bertin、經理Éric Henry；泰爾布呂恩莊園（Domaine de Terrebrune）的共同園主Reynald Delille、Jean d' Arthuys。

感謝Éric Touchat和Laurène Bigeau在物流和其他方面的協助。

感謝Lucie "Lulu" Peyraud在她於2020年十月去世前致贈的親筆簽名著書，享壽103歲高齡！

**本諾瓦·西馬、丹尼爾·卡薩納韋，2021年三月1日**

第四版的推出，我們首先感謝Olivier Beney和Rano Iskandarova，感謝他們帶領一趟重要的烏茲別克參訪。感謝勒克萊爾克布里昂香檳（champagne Leclerc Briant）的Frédéric Zeimett和Hervé Jestin，德沃香檳（champagne Devaux）的Pascal Dubois和Cédric Mer，他們就香檳和一般氣泡酒這個主題跟我們進行趣味橫生的討論。感謝阿爾賓公司（Albine & Co）的Albine Guenot、斐雷西內特公司（société Freixenet）的Frédérique Lenoir提供的儲酒知識。

感謝香檳同業協會的細節釐清。感謝Vincent Chevrier，一位多彩多姿的內閣官員兼釀酒師；感謝「泰勒」波特酒（Porto Taylor's）的Luis "Armand" Esgonnière-Carneiro，和Laurène與「Victo」帶來的有趣內容。特別感謝Christian Lerolle靈感盎然的上色功力，持續不斷充實這部繽紛小史。

**本諾瓦·西馬、丹尼爾·卡薩納韋，2022年三月1日**

# 漫畫葡萄酒小史
## 法國酒莊口耳相傳之書

作　　者　本諾瓦‧西馬 Benoist Simmat
繪　　者　丹尼爾‧卡薩納韋 Daniel Casanave
譯　　者　任可心、蘇威任
封面設計　白日設計
內頁構成　詹淑娟
執行編輯　柯欣妤
行銷企劃　蔡佳妘
業務發行　王綬晨、邱紹溢、劉文雅
主　　編　柯欣妤
副總編輯　詹雅蘭
總編輯　　葛雅茜
發行人　　蘇拾平

出版　　原點出版 Uni-Books
　　　　Facebook: Uni-Books 原點出版
　　　　Email: uni-books@andbooks.com.tw
　　　　新北市231030新店區北新路三段207-3號5樓
　　　　電話：（02）8913-1005 傳真：（02）8913-1056

發行　　大雁出版基地
　　　　新北市231030新店區北新路三段207-3號5樓
　　　　24小時傳真服務 （02）8913-1056
　　　　讀者服務信箱 Email: andbooks@andbooks.com.tw
　　　　劃撥帳號：19983379
　　　　戶名：大雁文化事業股份有限公司

初版一刷　2024 年 7 月
定價　　　699 元

國家圖書館出版品預行編目(CIP)資料

漫畫葡萄酒小史/本諾瓦‧西馬(Benoist Simmat)著
；丹尼爾‧卡薩納韋（Daniel Casanave）繪；任可
心, 蘇威任譯. -- 初版. -- 新北市：原點出版：大雁
文化事業股份有限公司發行, 2024.07
328面；17×23公分
ISBN 978-626-7466-15-5(平裝)

1.CST: 葡萄酒 2.CST: 歷史 3.CST: 漫畫

463.814　　　　　　　　　　　113006095

ISBN 978-626-7466-15-5（平裝）
ISBN 978-626-7466-22-3（EPUB）
版權所有‧翻印必究（Printed in Taiwan）
缺頁或破損請寄回更換
大雁出版基地官網：www.andbooks.com.tw

*L'INCROYABLE HISTOIRE DU VIN* © Les Arènes, Paris, 2022
This edition is published by arrangement with Les Arènes through Dakai - L'agence.
Complex Chinese edition copyright © 2024 by Uni-Books, a division of And Publishing Ltd.
All rights reserved.

本書部分中文譯稿由銀杏樹下（北京）圖書有限責任公司授權。